普通高等教育人工智能与大数据系列教材

大数据处理技术及案例应用

张道海　袁雪梅　李丹丹　樊茗玥　著

机械工业出版社

随着云计算、大数据、物联网、人工智能和区块链等 IT 技术的发展与应用，信息技术不断驱动社会生产方式的变革，人类进入机器智能时代。近年来，大数据处理技术已经广泛地渗透到各行各业，大数据分析与应用的教学工作也逐渐成为高校中的重中之重，这是大数据时代下的必然趋势。

本书从实际应用出发，结合具体案例及应用场景，深入浅出地介绍大数据处理预备知识、Python 技术基础、大数据处理常用模块、大数据采集技术、大数据处理算法以及文本挖掘与应用等。从环境搭建到数据采集可视化，从数据预处理到特征选择与模型训练，再从模型调优到测试评估。通过本书，读者可掌握大数据处理中必备的知识体系和技能，在各领域开展大数据处理与研究工作。本书实例短小精练，便于学习，读者能够在短时间内掌握相关知识点及其应用。

本书主要面向高等学校从事大数据处理和分析的本科生和研究生，亦可作为高等学校大数据处理相关课程的教材。此外，本书提供配套的软件包、实例代码和数据文件，欢迎使用本书作为教材的老师登录 www.cmpedu.com 进行下载。

图书在版编目（CIP）数据

大数据处理技术及案例应用 / 张道海等著 . —北京：机械工业出版社，2022.6（2024.2 重印）

普通高等教育人工智能与大数据系列教材

ISBN 978-7-111-70504-8

Ⅰ. ①大… Ⅱ. ①张… Ⅲ. ①数据处理 – 高等学校 – 教材 Ⅳ. ①TP274

中国版本图书馆 CIP 数据核字（2022）第 058016 号

机械工业出版社（北京市百万庄大街 22 号　邮政编码 100037）

策划编辑：路乙达　　　　　责任编辑：路乙达　张翠翠
责任校对：韩佳欣　王　延　封面设计：张　静
责任印制：张　博

北京建宏印刷有限公司印刷

2024 年 2 月第 1 版第 3 次印刷

184mm × 260mm • 11.5 印张 • 282 千字

标准书号：ISBN 978-7-111-70504-8

定价：39.80 元

电话服务　　　　　　　　　　　网络服务

客服电话：010-88361066　　　　机 工 官 网：www.cmpbook.com
　　　　　010-88379833　　　　机 工 官 博：weibo.com/cmp1952
　　　　　010-68326294　　　　金 书 网：www.golden-book.com
封底无防伪标均为盗版　　　　机工教育服务网：www.cmpedu.com

Preface 前　言

大数据处理技术已经深入政府管理、商业应用、科学研究等各个领域。要想成为一名优秀的大数据分析工程师，必须掌握大数据处理常用模块、大数据采集、大数据处理算法以及文本挖掘与应用等相关知识。只有掌握了从定义问题开始，到数据采集、数据预处理、特征选择、模型训练、模型调优、测试评估的基本流程，才能够在实际应用中开展大数据挖掘与研究工作。本书内容按照上述思路编写，遵循"实用、简明"的原则，注重内容的连续性和系统性，以大数据处理流程为核心，将各知识点和案例讲解紧密结合，详细介绍了各个知识点的具体原理和案例应用。

本书分为 7 章。各章的主要内容如下：

第 1 章讲解大数据处理预备知识，帮助读者建立数据思维，掌握大数据处理中涉及的基本概念和数学基础知识，掌握如何把现实问题转变为数据可分析问题。

第 2 章讲解 Python 技术基础，帮助读者掌握利用 Python 进行数据处理的基本知识，包括控制语句、数据结构和函数等。

第 3 章讲解人数据处理常用模块，帮助读者掌握大数据处理必备的三大核心模块应用，包括 NumPy、Pandas 和 Matplotlib。

第 4 章讲解大数据采集技术，帮助读者掌握利用 Python 进行大数据采集时常用的 Requests 库，以及在 Python 中使用 XPath 表达式和 Lxml 库进行网页解析。

第 5 章讲解大数据处理算法及应用，帮助读者掌握常用机器学习算法的具体应用和一般流程，包括回归、决策树、K 近邻、支持向量机、神经网络、朴素贝叶斯、聚类、关联规则和 PCA 降维等。

第 6 章讲解文本挖掘与应用，帮助读者掌握中英文文本处理中常用的 NLTK、TextBlob、Jieba、SnowNLP、WordCloud 等库在 Python 中的使用，以及文本处理中常用的正则表达式和一般流程。

第 7 章讲解大数据应用案例，从实际需求出发定义问题，将大数据处理技术与解决实际问题相结合，帮助读者了解大数据处理技术在行业中的具体应用。

本书的出版得到了江苏大学研究生教材建设专项基金的资助，同时得到了江苏省高校哲学社会科学研究重大项目（2020SJZDA063）的大力支持，谨在此表达诚挚的谢意。感谢研究生王好时、侯宪桥和杨晨全程参与书稿整理工作。

本书在编写过程中参考了相关书籍以及网络资源，在此对相关作者表示衷心感谢。

由于著者水平有限，书中难免有不足之处，敬请广大读者批评指正。

著　者
2021 年 8 月于镇江

目 录 *Contents*

大数据处理预备知识

本章讲解大数据处理预备知识，帮助读者建立数据思维。读者可掌握大数据处理中涉及的基本概念和数学基础知识，结合实例理解数学之美，掌握如何把现实问题转变为数据可分析问题。本章的重点内容有：

> ➢ 大数据及相关概念
> ➢ 机器学习
> ➢ 特征表示
> ➢ 贝叶斯定理
> ➢ 信息熵
> ➢ 正确率、精确率与召回率
> ➢ ROC 曲线

1.1 人类的骄傲

人类与动物相比，既没有善于奔跑的四肢，也没有强壮的身体，但有产生智慧的大脑。从原始社会开始，人类就一直用智慧不断地征服着自然。早期人类认识社会更多凭借经验，观察，不断总结、归纳、提炼，得到科学规律。1946 年第一台计算机诞生，人类开始利用计算机对现实世界进行仿真建模，从规则建模到统计建模，人类认识逐渐向数据世界迈进。随着云计算、大数据、物联网、人工智能和区块链等 IT 技术的发展与应用，人类开始进入机器智能时代，大数据技术驱动人类社会生产方式的变革，已成为不可阻挡之"势"。

1.2 大数据思维

机械思维带来了工业革命，数据思维引爆智能革命。传统机械思维的核心思想是确定性和因果关系，即任何事情一旦发生，则必然会产生结果，一定有可用的模型来描述其发生的原因。而到了数据时代，这个世界正变得越来越复杂，不确定性无处不在，相关性取代了过去的因果关系，数据中包含的信息以及数据之间的相关性可以帮助人们消除不确定性。随着新技术的发展，过去的物理世界逐渐转变为数据世界，人们需要不断适应时代的变化，对社会的认识也需要从机械思维转变为数据思维。

在此背景下，中国大数据产业方兴未艾，需要更多人拥有数据思维，无论是政府机构的决策者、商业组织的管理者，还是普通员工、老百姓，都需要学习和了解数据思维。人们常说"思维决定命运"。过去企业通过问卷或访谈等形式了解消费者。现在企业要实时关注网络动态，直接了解消费者的想法和需求。为了应对消费者不断变化的需求，企业亟须成立相关部门，例如成立网络研发部进行产品创新，成立网络公关部进行口碑营销和舆情应对。数据思维已经贯穿消费者生命周期的各个阶段，企业利用数据分析消费者需求，进行时尚研发、精准预测、产品拓展、供应链整合、组织结构优化等。

1993 年，《纽约时报》刊登的一幅漫画如图 1-1 所示，引起了强烈的社会反响。因为在那个互联网刚刚起步的年代，人们的思维方式还没有跟着转变。社会学家担心，在互联网对面跟自己交流的对象不知是人还是狗。但现在我们不但知道对面是人还是狗，还知道其生活习性。这就是大数据对个人进行画像。

图 1-1　1993 年《纽约时报》漫画

麦肯锡研究院定义："大数据是其大小超出了常规数据库工具获取、存储、管理和分析能力的数据集"。未来的大数据，细到每一个人、每一个商品、每一笔交易。大数据的核心价值在于发现规律，预测未来。

1.3　大数据的关键技术

近些年来，大数据在理论、技术和实践方面有着广泛的应用，如图 1-2 所示。

在理论方面，大数据的价值、共享、安全、隐私等方面是热点问题，如何实现与衡量价值，如何共享，共享到什么程度，有无安全保障，隐私如何保护，这些问题都值得深入研究；在技术方面，围绕大数据的采集、存储、挖掘和可视化等方面，不同类别和层次的大数据处理公司如雨后春笋般出现，很多地方政府成立了大数据产业园，为大数据创业孵化提供保障和条件；在实践方面，从互联网大数据到政务大数据，到企业大数据，再到个人大数据，吸引了无数投资者。

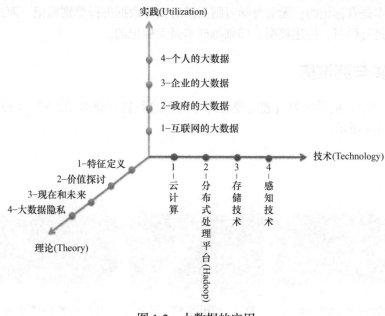

图 1-2　大数据的应用

1.4　机器学习

实际上，机器学习已经存在了几十年，甚至可以追溯到 17 世纪。贝叶斯、拉普拉斯关于最小二乘法的推导和马尔可夫链，构成了机器学习广泛使用的工具和基础。

如图 1-3 所示，机器学习具有多学科交叉的特点，包括模式识别、数据挖掘、统计学习、计算机视觉、语音识别、自然语言处理等，以数据和算法为核心，运用机器的处理能力，提高机器对现实世界的智能化处理水平，如实际应用中的图像处理、语音处理和文本处理等。

图 1-3　机器学习和相关应用

机器学习可分为监督学习（Supervised Learning）和无监督学习（Unsupervised Learning）。监督学习是根据标记的训练数据来推断某个功能的机器学习任务，如分类、回归。无监督学习是在未标记的数据中试图找到隐藏的规律，如聚类。如要识别某个事物属于哪一类别，则需要对训练数据各自特征进行类别标记，监督学习就是根据这些标记的训练数据建立模型，即训练样本是有标记的；无监督学习则无需对训练数据进行类别标记，而是根据训练数据特征集本身进行学习，构建模型，即训练样本是无标记的。

1.5 训练集与测试集

在实际研究中，机器学习过程需要将样本对象进行特征化表示，然后划分为训练集和测试集，如图 1-4 所示。

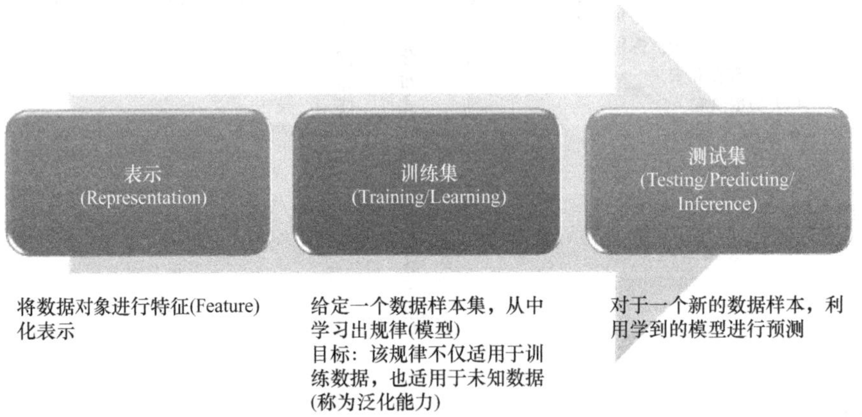

表示 (Representation)	训练集 (Training/Learning)	测试集 (Testing/Predicting/ Inference)
将数据对象进行特征(Feature)化表示	给定一个数据样本集，从中学习出规律（模型） 目标：该规律不仅适用于训练数据，也适用于未知数据（称为泛化能力）	对于一个新的数据样本，利用学到的模型进行预测

图 1-4　机器学习过程

使用训练集的数据来训练模型，在测试集上对模型进行评估，用测试集上的误差作为最终模型来应对现实场景中的泛化误差。因此，有了训练集和测试集，想要验证模型的最终效果，只需将训练集上训练好的模型，在测试集上计算误差，让训练好的模型在测试集上的误差最小即可。

假如要预测某个城市明天是否会下雨，首先需要收集过去 10 年该地区每一天的天气数据和结果值，这就是样本集。将这些历史记录划分为训练集和测试集，通过训练集对预测模型进行训练，在测试集进行评估，评估后开展应用。例如：

目标：预测明天某个城市会不会下雨。

数据：过去 10 年这个城市每一天的天气数据，包括那天的前一天傍晚 18 点的气温、相对湿度、风向、风速、气压等（特征）。

训练：在训练集上学习得到规律（模型）。

评估：在测试集上计算精确率、召回率等。

应用：给定今天傍晚 18 点的气温、相对湿度、风向、风速、气压等，根据模型预测明天是否下雨。

1.6 特征表示

根据研究任务，将现实事物的属性抽取出来，形成若干个特征的集合，一个样本即由这些特征值的集合组成，用向量 $[x_1, x_2, \cdots, x_n]$ 表示。

下面两个任务展示了如何将现实事物的特征表示为需要的向量。

任务 1：把车分为家庭用车还是非家庭用车。

样本：车。

问题：选取哪些特征？如何把车表示成一个向量？

特征：价格、排量。

向量：[200000, 2.0]。

任务 2：预测病人是否会发心脏病。

样本：病人。

问题：选取哪些特征？如何把病人表示成一个向量？

特征：血糖、血压、血脂、心率。

向量：[3.9, 89, 3.1, 70]。

1.7　文档的相似度计算

每篇文档都由若干个词项（Term）组成，将这些词项出现的频率组织在一起，即形成词向量，向量中的每一维对应一个词项（文本特征）。每篇文档都可以转化为一个词向量，于是文档之间的相似度可以通过向量之间的距离来计算。下面先了解一下向量的运算。

向量的加、减、倍数、内积：

$$\vec{x} \pm \vec{y} = < x_1 \pm y_1, x_2 \pm y_2, \cdots, x_n \pm y_n >$$
$$\lambda \vec{x} = < \lambda x_1, \lambda x_2, \cdots, \lambda x_n >$$
$$\vec{x} \cdot \vec{y} = \sum_{i=1}^{n} x_i y_i$$
$$< 1, 2, 4 > \cdot < 1, 3, 5 > = 1 \times 1 + 2 \times 3 + 4 \times 5 = 27$$

向量的模：

$$| \vec{x} | = \| \vec{x} \| = \sqrt{x_1^2 + x_2^2 + \cdots + x_n^2}$$

向量的（欧氏）距离：

$$\mathrm{dist}(\vec{x}, \vec{y}) \sqrt{(x_1 - y_1)^2 + (x_2 - y_2)^2 + \cdots + (x_n - y_n)^2}$$

向量的余弦：

$$\cos \alpha = \frac{\vec{x} \cdot \vec{y}}{| \vec{x} | \times | \vec{y} |}$$

比如，需要计算文档 q 和文档 d_1、文档 d_2 之间的相似度，统计各文档词项和词项出现的次数，形成文档词向量，如下所示：

查询 q：(<2006, 1>, <世界杯, 2>)。

文档 d_1：(<2006, 1>, <世界杯, 3>, <德国, 1>, <举行, 1>)。

文档 d_2：(<2002, 1>, <世界杯, 2>, <韩国, 1>, <日本, 1>, <举行, 1>)。

将这些文档词向量构成词向量矩阵，如图 1-5 所示。利用内积

	d_1	d_2		q
2002	0	1		0
2006	1	0		1
世界杯	3	2		2
德国	1	0		0
韩国	0	1		0
日本	0	1		0
举行	1	1		0

图 1-5　文档词向量矩阵

或夹角余弦可以计算它们之间的相似度。

文档 d_1 与 q 的内积：$1 \times 1 + 3 \times 2 = 7$。

文档 d_2 与 q 的内积：$2 \times 2 = 4$。

从内积运算结果知，q 与 d_1 的相似度更高。

文档 d_1 与 q 的夹角余弦：$\dfrac{7}{\sqrt{12 \times 5}} \approx 0.90$。

文档 d_2 与 q 的夹角余弦：$\dfrac{4}{\sqrt{5 \times 8}} \approx 0.63$。

从夹角余弦运算结果亦可知，q 与 d_1 的相似度更高。

是不是出现的次数越多，词的重要性就越高呢？显然，词的重要性不完全由词频决定，比如"的""了""啊"等在每一个文档中都会高频率出现，但重要性很低。这里就涉及两个概念，词频（Term Frequency，TF）和逆文档频率（Inverse Document Frequency，IDF）。

TF：词项在文档中出现的次数，表示的是词项 i 在文档 j 内的代表性。权重 $a_{ij}=TF_{ij}$（原始 TF 或者归一化后的 TF 值）。

例子：我爱北京天安门，天安门上太阳升。

上述文档中，TF（北京）=1，TF（天安门）=2。

词项的文档频率 DF：整个文档集合中出现词项的文档数目。DF 反映了词项的区分度，DF 越高表示词项越普遍，其区分度越低，因此权重也越低。

逆文档频率 IDF：DF 的倒数，通常采用如下公式进行计算（N 是文档集合中所有文档的数目）：IDF=N/DF。

向量空间模型中通常采用 TF*IDF 的方式计算权重。即词项 i 在文档 j 中的权重 $a_{ij}=TF_{ij}*IDF_i$。

例子：我爱北京天安门，天安门上太阳升。

TF（天安门）=2，DF=20，N=100，于是 TFIDF（天安门）=$2 \times 100/20 = 10$。

1.8 贝叶斯定理

1）概率：事件发生的可能性，比如抛一枚硬币是一个事件，均匀随机情况下，正面向上的可能性有 50%；掷骰子也是一个事件，均匀随机情况下，点数为 6 的可能性为 1/6。事件用符号 A 表示，P 为事件对应的概率，事件 A 发生的概率可表示为 $P(A)$。

2）条件概率（后验概率）：满足某些条件下另一事件发生的可能性，比如一个人在买了裤子（事件 A）的前提下再买上衣（事件 B）的概率，用符号表示为 $P(B|A)$，即事件 A 发生的前提下 B 发生的概率。

3）联合概率：多个事件同时发生的可能性，比如抛硬币事件，每次都相互独立互不影响，则两次都为正面向上的概率 $P(AB)=P(A)P(B)$。如果事件不独立，相互有影响，则联合概率为 $P(AB)=P(A)P(B|A)$。

4）贝叶斯定理：利用联合概率可以计算出条件概率，比如知道了 $P(AB)$ 和 $P(A)$，要计算事件 A 发生的前提下 B 发生的概率，则 $P(B|A)=P(AB)/P(A)$。实际情况中，$P(B|A)$ 往往是已知的，$P(A|B)$ 的概率需要计算。显然，$P(A|B)$ 并不等于 $P(B|A)$。联合概率满足事件乘积

的顺序可以交换，即 $P(AB)=P(BA)$，将两个概率展开得到 $P(A)P(B|A)=P(B)P(A|B)$，可以清楚地看到想要的 $P(A|B)$ 就在其中，$P(A|B) = P(B|A)P(A) / P(B)$，这就是贝叶斯定理。

贝叶斯定理在实际中有着广泛的应用，通过现有的样本统计很容易直接得到 $P(B|A)$、$P(A)$、$P(B)$ 的概率分布，应用该定理就可以求出 $P(A|B)$。下面从一个例子看贝叶斯公式的应用：

某个学校有男生占 60%，女生占 40%，男生都穿长裤，女生有一半穿长裤一半穿裙子，求该学校穿长裤的学生是男生的概率。

假设：$A=$ 是男生，$B=$ 穿长裤。

显然，$P(A)=0.6$，$P(B)=0.6+0.2=0.8$，$P(B|A)=1$；

则 $P(A|B)=P(B|A)P(A)/P(B)=1 \times 0.6/0.8=0.75$。

1.9　信息熵

一个变量的不确定性越大，信息熵也就越大，所需要的信息量也就越大。

计算公式：$H(X) = -\sum_x p(x) \log p(x) = \sum_x p(x) \log \dfrac{1}{p(x)}$。log 通常取 2 为底。

例：一个 6 面的骰子，各面的点数分别为 1,2, …,6，令 X 表示抛出后朝上的点数。求下列分布下的熵。

分布 P_1：$P(X=1)= P(X=2)=\cdots= P(X=6)=1/6$。

分布 P_2：$P(X=1)= P(X=2)=1/4$，$P(X=3) = P(X=4)= P(X=5)= P(X=6)=1/8$。

解答：

$H(P_1)=1/6 \times \log6 \times 6=\log6 \approx 2.58$。

$H(P_2)=2 \times 1/4 \times \log4+4 \times 1/8 \times \log8=2.5$。

分布 P_1 具有更大的信息熵，即具有更大的不确定性。

公式理解：信息熵是算法中经常用到的概念，通俗来说就是越平均熵越大，并且趋向于熵最大。比如冰火在一起时，一定是趋于平均温度。

1）极端情况是百分百的冰或者火，于是概率 $P(X)=1$ 或 0，取 1 的时候 $\log(1/1)$ 为 0，取 0 的时候，$P(X)$ 是 $\log(1/P(X))$ 部分的高阶无穷小，所以还是 0。因此 $H(X)$ 为 0。

2）均衡情况下，$P(X)=50\%$，最后结果为 $H(X)=-0.5\log(0.5)+(-0.5\log(0.5))$，熵达到最大值 1。

3）在冰火极端情况和均衡情况之间分布，取值在 0 ～ 1 之间。

1.10　正确率、精确率与召回率

如表 1-1 所示，纵向为样本原始类别，横向为模型预测得到的预测类别，形成实际类别和预测类别相互之间的混淆矩阵，这里涉及预测正类的正确个数、预测正类错误的个数、预测负类正确的个数和预测负类错误的个数。

表 1-1　预测正类和负类混淆矩阵

预测类别	实际正类 1	实际负类 0
预测正类 1	预测正确的个数 True Positives(TP)	预测错误的个数 False Positives(FP)
预测负类 0	预测错误的个数 False Negatives(FN)	预测正确的个数 True Negatives(TN)

预测正类的精确率（Precision）和召回率（Recall）为：

精确率 $P_1 = $ TP / (TP + FP)。

召回率 $R_1 = $ TP / (TP + FN)。

预测负类的精确率和召回率为：

精确率 $P_0 = $ TN / (TN + FN)。

召回率 $R_0 = $ TN / (TN + FP)。

预测总体的正确率（Accuracy）为：

正确率 $A = $ (TP+TN)/(TP + FP + FN + TN)。

调和值 F_β-Score：F_β 的物理意义是精确率和召回率的加权平均，召回率的权重是精确率的 β 倍。F_1 分数表示召回率和精确率同等重要，F_2 分数表示召回率的重要程度是精确率的两倍，$F_{0.5}$ 分数表示召回率的重要程度是精确率的一半。比较常用的是 F_1 分数（F_1-Score），即精确率和召回率的调和平均数 $F = 2 \times P \times R/(P+R)$。

虽然精确率和召回率都很重要，但是不同的应用、不同的用户可能会对两者的要求不一样。因此，在实际应用中应该考虑这点，情况不同，看重的指标也不一样。

垃圾邮件过滤：宁愿漏掉一些垃圾邮件，但是应尽量少将正常邮件判定为垃圾邮件，即尽量减少误判率，提高精确率。

特定疾病检测：宁愿误判一些健康人，也不漏掉一个病人，即尽量降低漏判率，提高召回率。

例如，对于表 1-2 所示的一个预测实例，计算类别 1 的预测精确率、召回率以及总体预测正确率。

表 1-2　混淆矩阵预测实例

	实际属于 1 类	实际属于 0 类
判定为 1 类	100	50
判定为 0 类	40	10000

预测精确率 $P_1 = $ 100/(100+50)。

预测召回率 $R_1 = $ 100/(100+40)。

总体预测正确率 $A = $ (100+10000)/(100+50+40+10000)。

1.11　ROC 曲线

表 1-3 所示为某一混淆矩阵实例

表 1-3　某一混淆矩阵实例

预测类别	实际正类	实际负类
预测正类	TP	FP
预测负类	FN	TN

假阳性比值 FPR=FP/(FP+TN)，表示伪正类率（False Positive Rate），预测为正但实际为负的样本占所有负例样本的比例。

真阳性比值 TPR=TP/(TP+FN)，表示真正类率（True Positive Rate），预测为正且实际为正的样本占所有正例样本的比例。

阈值表示预测结果为真阳性的可接受程度。假设每一个雷达兵用的都是同一台雷达（分类器）返回的结果，但是每一个雷达兵对其是否属于敌军轰炸机的判断是不一样的，可能 1 号兵解析后认为结果大于 0.9 就是轰炸机，2 号兵解析后认为结果大于 0.8 就是轰炸机。由于每一个雷达兵都有自己的一个判断标准（即对应分类器的不同"阈值"），因此针对每一个雷达兵，都能计算出一个关键点（一组 FPR、TPR 值）。

ROC（Receiver Operating Characteristic，受试者工作特征）曲线，即以阈值分别取 0 ~ 1 之间的各个数，计算不同阈值对应的 FPR 和 TPR，描点即得到 ROC 曲线，如图 1-6 所示。

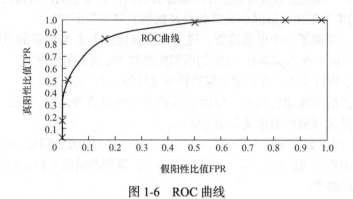

图 1-6　ROC 曲线

评价模型性能时，我们希望真阳性比值越大越好、假阳性比值越小越好，即 ROC 曲线尽可能覆盖左上角，这时就形成了 ROC 曲线下面积（Area Under ROC Curve，AUC），AUC 会出现如下 3 种情况：

1）0.5<AUC≤1，模型优于随机猜测，设定合适的阈值后具有预测价值。

2）AUC=0.5，模型与随机猜测一致，无预测价值。

3）0≤AUC<0.5，模型差于随机猜测。

给定一个已标注好的数据集，将其中一部分划为训练集，另一部分划为测试集。在训练集上训练，把训练得到的模型用于测试集，计算测试集上的评价指标精确率 P、召回率 R、调和值 F 以及 AUC 等进行误差评估。

1.12　大数据隐私与安全

央视 2021 年的 3.15 晚会报道，某品牌卫浴有门店装有人脸识别摄像头，在消费者不知情的情况下，精准抓取其人脸信息。据介绍，此种摄像头，不戴口罩的识别率为 95%，戴口罩的情况下识别率能达到 80% ~ 85%，能识别顾客的性别、年龄甚至心情。报道称，现场并未有工作人员提醒消费者安装了人脸识别摄像头。

这引起了全社会关于大数据应用中的隐私安全与伦理道德的广泛讨论。人的生物学特征是个人隐私的最后一道防线，一旦泄露，与其绑定的所有个人账户安全将受到威胁。2021 年 6 月 10 日，第十三届全国人民代表大会常务委员会第二十九次会议通过《中华人民共和国数据安全法》，于 2021 年 9 月 1 日正式施行，国家开始从法律层面对数据泄露和数据滥用等问题进行治理。一方面，要利用好数据；另一方面，防止数据泄露和滥用，对数据进行安全管理同样重要。各种 APP 程序强制收集个人信息，过度索取权限等现象依然突出。谁有权采集个人信息？谁又有使用权？使用的边界在哪里？这些问题可能不仅涉及伦理道德，还涉及法律法规，这值得我们关注，并能够提出解决方案。

1.13 练习

（1）某医学数据显示，1000 个人中有一个人可能患有 X 疾病，小王为了解自己是否患上了 X 疾病，去医院做常规血液检查。假设血液检查误差率为 1%，即有 "1% 的假阳性率和 1% 的假阴性率"（真的患病者得到阴性结果称为假阴性，未患病的人得到阳性结果称为假阳性）。检查的结果为阳性，试问小王患上了 X 疾病的概率是多少？

小王不放心，又做了一个尿液检查，进一步检查他患上了 X 疾病的可能性，其结果仍然为阳性，假设尿液检查的实验有 "5% 的假阳性率和 5% 的假阴性率"。

使用贝叶斯定理计算小王在血液和尿液检查之后得 X 疾病的概率。

如果根据小王的家族遗传信息，他得 X 疾病的概率是百分之一，请结合血液和尿液检查结果计算小王得 X 疾病的概率又分别是多少？

（2）有 20 个测试数据集，为 [0,0,1,0,0,1,0,0,0,0,0,1,0,0,0,0,0,0,0,1]，预测数据集为 [0,0,1,0,0,1,0,0,0,0,0,0,0,0,0,0,0,0,0,1]，写出混淆矩阵，并计算预测结果 0 和 1 的精确率、召回率，以及总体预测的正确率。

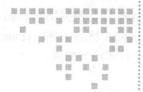

第 2 章 | *Chapter 2*

Python 技术基础

本章讲解 Python 技术基础，并结合实例帮助读者掌握利用 Python 进行数据处理的必备基本知识。本章的重点内容有：

- ➢ Python 开发环境的搭建
- ➢ 控制语句
- ➢ 数据结构
- ➢ 函数
- ➢ 面向对象程序设计

2.1 Python 开发环境的搭建

Python 本身是代码的执行环境，代码可以用记事本软件编写，但开发效率不高，因此需要效率较高的第三方工具包来完成代码的编写、调试和发布功能。目前的主流工具包有 Anaconda 和 PyCharm，Anaconda 的第三方资源包丰富，PyCharm 的代码编辑、调试功能丰富，这里将这两种工具集成使用。

1）科学计算发行版 Anaconda，不仅内嵌 Python，还包括了 Numpy、Pandas、SciPy、Scikit-learn、Matplotlib、NLTK 等用于进行科学计算的主流模块，以及两款不同风格的编辑器 Jupyter 和 Spyder。

2）Python 有 2.x 系列和 3.x 系列，Python 2.7 是 2.x 系列中的最后一个版本，目前已经停止更新。

3）PyCharm 是一款功能强大的 Python 编辑器。将 Anaconda 集成到 PyCharm 环境中，作为项目的编辑和运行环境，可以省去常用模块的导入。本书使用的是 Anaconda3-4.3.0.1-Windows-x86_64.exe 和 pycharm-community-2019.2.exe。

首先安装 Anaconda，如将 Anaconda 安装在 C:\Anaconda3 目录中。然后安装 PyCharm，PyCharm 选择默认设置和路径安装即可，在桌面上生成 PyCharm 启动快捷图标。双击桌面中的 PyCharm 启动快捷图标，创建项目，在集成环境 Settings 中设置 Anaconda 解释器（查找 C:\Anaconda3 目录下的 python.exe 文件），如图 2-1 所示，即完成 Anaconda 和 PyCharm 的编辑和运行环境的集成。

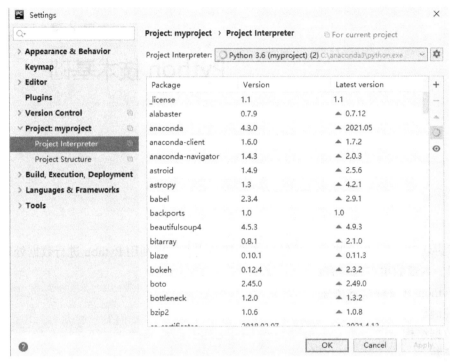

图 2-1 PyCharm 集成 Anaconda 设置窗口

2.2 常用操作符

运算符是构成表达式语句的基本单元。常用的操作符有算术运算符、比较运算符、逻辑运算符，如表 2-1 所示。

表 2-1 运算符

运算符	说明
lambda	匿名函数
or	逻辑或
and	逻辑与
not	逻辑反
in，not in	成员测试
<、<=、>、>=、!=、==	比较
+、-	加法与减法
*、/、%、//	乘法、除法、取余、取商

1）算术运算符：+、–、*、/、%、**、//。

2）比较运算符：==、!=(<>)、>、<、>=、<= 。

3）逻辑运算符：and、or、not。

4）运算符优先级总体上是：逻辑运算符 < 比较运算符 < 算术运算符。

2.3　语句规范

Python 以缩行符为基本语法规范组织语句之间的关系。示例代码如下：

```
'''
encoding = 'utf-8'
author: zdh
date: 2021-05-13 10:24
'''
def s(x):
    if x==1:
        return "yes"
    else:
        return "no"
print(s(1))                    #yes
print(s(4))                    #no
```

上述代码中，def 是函数的声明，函数内部语句体 if 以 Tab 缩行符作为基本语法，if 内的语句 return 也以 Tab 缩行符作为基本语法。

上述函数也可以用 lambda 进行匿名定义，直接赋给变量 s，代码如下：

```
s = lambda x:"yes" if x==1 else "no"
print(s(1))                    #yes
print(s(4))                    #no
```

该匿名函数和前面自定义函数的运行结果一样，在该匿名函数中，x 作为调用时传入的参数。

在写程序的过程中，经常需要对代码进行注释说明，注释有单行注释和多行注释。

单行注释以 # 号开始。

多行注释以 3 个单引号（英文半角）作为开始和结束，如下所示：

```
'''
注释内容
'''
```

2.4　变量与数据

变量即在内存中开辟的临时存储单元，对该存储单元进行引用，需要给它定义一个名字，即变量名，变量中保存的值即数据。

下列代码中，在内存中声明变量 x，第一次赋值为 3，第二次将 x 值取出乘以 2，再次

赋给 x 变量:

```
x=3
print(x)                    #3
print(id(x))                # 打印 x 的内存地址
x=x*2
print(x)                    #6
print(id(x))                # 再次打印 x 的内存地址，与之前的不一样
```

从上述结果可以看出，第二次赋值的同时，给 x 变量重新开辟了新的内存地址，原地址被自动回收。

2.5 控制语句

程序总体上按照顺序自上而下执行，但在执行过程中会出现选择或循环，因此需要将执行的语句进行有效组织。

控制语句结构有顺序结构、选择结构、循环结构。if 语句进行语句的选择；while 和 for 语句进行语句的循环；break 命令可嵌入循环体中，表示中断当前循环体的执行；continue 命令可嵌入循环体中，表示结束当前次循环后面语句的执行，进入下次循环。

（1）if 语句

用 if 语句进行条件的选择时，后面可以不跟 else 语句，也可以跟一个 else 语句，亦可以跟若干个 elif 语句。代码如下：

```
import math                 # 导入 Math 库
a = round(math.pi,3)        # 调用 Math 中的 pi，四舍五入后为 3.142
b = math.sqrt(16)           #sqrt() 为平方根函数
if a>b:
    print(a)
else:
    print(b)
```

上述代码执行过程中，因 3.142>4 的条件为 False，所以执行 else 子句，打印 b 变量值 4。

在实际情况中，可能出现超过两种以上的情况，这时候就需要多种情况的选择判断。if 语句多分支的判断，代码如下：

```
weather = 'sunny'
if weather =='sunny':
    print("shopping")
elif weather =='cloudy':
    print("playing football")
else:
    print("learning python")
```

上述代码中，因 weather 变量值为 sunny，第一种情况就满足，输出 shopping，停止后面条件的判断。如果没满足，则继续向后判断。elif 子句可以有若干个。

（2）while 语句

while 语句用来根据条件实现语句的循环。

求 $1 \sim 100$ 的和，a 的初始值可以设为 100，若循环条件 a 不等于 0，则一直执行 while 内的语句体，代码如下：

```
a = 100
s = 0
while a:
    s=s+a
    a-=1
print("s=%d"%s)          #s=5050
# 等价于
print("s=" + str(s))   #s=5050
```

在上述循环语句中，需要注意对循环条件变量做出改变以控制循环语句能够执行结束，否则可能进入死循环。其中，% 在字符串中用来表示格式化，常用 %d 表示接收一个整数，%s 表示接收一个字符串，代码如下：

```
print("%s:%d"%("ab",10))     # ab:10
```

（3）for 语句

for 语句用来遍历数据集，可用于对数据集中的每个元素遍历循环一次。

对列表 ['e','f','g']、字符串"string"、数值范围 range(2,10) 进行遍历，代码如下：

```
for a in ['e','f','g']:
    print(a)                 #分行打印 e、f、g
for a in 'string':
    print(a,end="")          #打印不换行 string
for n in range(2,10):
    print(n,end=" ")         #注意数值范围不包括结束值
```

下面的程序用来判断 $2 \sim 9$ 的数字是否是质数：

```
for n in range(2,10):                      #外循环 n 从 2 ~ 9
    for x in range(2,n):                   #内循环 x 从 2 ~ n-1
        if n%x ==0:            #判断外循环的每个值 n 是否能被 2 ~ n-1 之间的某个数整除
                print(n,'equals',x,'*',n/x)   #打印等式
                break              #终止这个数字的 for 循环，进入下一个数字判断
    else:             #for 循环使用 else，当 for 所有的语句正常运行完，执行 else 语句体
        print(n,'是一个质数')   #不能被整除，说明这是一个质数
```

（4）continue 命令

continue 命令嵌在循环体内，用来结束当前次循环内后面的语句执行，进入下一次循环。如下面代码所示，若 i 能被 2 整除，则终止后面的语句执行，进入下一次循环，因此输出结果为 1 3 5 7 9。

```
for i in range(1,10):
    if i%2==0:
```

```
        continue
    print(i,end=" ")        #1 3 5 7 9
```

（5）break 命令

break 命令嵌在循环体内，用来结束循环。

现在要完成一个猜字游戏，让计算机随机产生一个数，然后进入循环。接收用户输入的一个数，如果猜中，则退出循环；如果猜错，则继续进入下一次循环。代码如下：

```
print("猜字游戏！")
import random
sec=random.randint(1,9)
guess=0
while guess!=sec:
    temp=input("请猜数字：")
    guess=int(temp)
    if guess==sec:
        print("你真是我肚里的蛔虫啊！")
        break
    if guess>sec:
        print("大哥，大了大了！")
        continue
    if guess<sec:
        print("兄弟，小了小了！")
        continue
print("游戏结束！")
```

本程序运行，系统后台会随机产生一个 1 ~ 9 的整数，然后进入循环体，提示用户在控制台输入 1 ~ 9 的整数，直到猜中，本程序才能退出，否则提示用户继续输入。

2.6　数据结构

数据结构定义了数据的组织和保存方式，Python 中的数据结构主要有列表（List）、字符串（String）、元组（Tuple）、字典（Dictionary）、集合（Set）、文件（File）。

（1）列表（List）

列表将元素用 [] 定义，元素可以是一个值，或多个值构成的子列表。

定义列表 List1，并显示 List1 中的第一个元素，代码及注释如下：

```
List1 = ['Python',5,0.2]
print(List1[0])            # 通过下标访问列表元素，数字序号，起始值为 0
```

显示结果为：Python。

在实际应用中，需要对列表进行切片操作。[:] 表示切片，数字序号包括起始，不包括结尾，-1 代表结尾序号。代码及注释如下：

```
print(List1[0:-1],List1[0:2])    #['Python',5]['Python',5]
print(List1[-1])                 #0.2,-1 代表末尾元素序号
```

```
List2 = ['I','love','python']
print(List2[1],List2[-1])            #love python
print(List2[:],List2[0:2])           #['I','love','python']['I','love']
```

列表是可变对象，可以对列表进行追加、插入和删除操作。代码及注释如下：

```
List1.append(3.1)
print(List1)             #['Python', 5, 0.2, 3.1]
List2.insert(1,'really')
print(List2)             #['I', 'really', 'love', 'python']
List1.remove(3.1)
print(List1)             #['Python', 5, 0.2]
```

可以通过列表中的元素找到其索引下标，也可以统计列表中的元素出现的次数。代码及注释如下：

```
print(List1.index(5),List1.count(5))      # 值为 5 的下标 1, 5 出现的次数为 1
```

可以在一个列表尾部扩展另一个列表，也可以对列表进行倒序排列，亦可以对列表按值进行排序。代码及注释如下：

```
List2.extend(List1) # 在 list2 末尾添加 list1
print(List2)        #['I', 'really', 'love', 'python', 'Python', 5, 0.2]
List2.reverse()     # 对列表的元素进行倒序排列
print(List2)        #[0.2, 5, 'Python', 'python', 'love', 'really', 'I']
List3=[1,3,2]
List3.sort()        # 对列表按值进行排序
print(List3)        #[1, 2, 3]
```

（2）字符串（String）

字符串用''或""定义，若字符串中包含字符串，可以用'""'或"''"的形式，但不能交叉。

对字符串中的字符或子串进行访问，代码及注释如下：

```
str1 = 'learn Python'
print(str1,str1[0],str1[-1])         # 输出整个字符串 learn Python, 第一个字符
                                     # l, 最后一个字符 n
print(str1[:8])                      # 切片 learn Py
```

从上述代码中可以看到，字符串也可以通过索引进行切片操作。

在实际应用中，字符串经常会包含一些特殊字符，比如 \n 会被当作换行符处理，\t 会被当作 Tab 分隔符等，代码如下：

```
print('E:\note\Python.doc')
```

打印结果显示：

```
E:
ote\Python.doc
```

显然，代码中将 \n 作为换行符处理了。若需要在字符串中忽略所有特殊字符，保持原样，则可在字符串前加 r，代码如下：

```
print(r'E:\note\Python.doc')
```

这时输出结果如下：

```
E:\note\Python.doc
```

可以看到，字符串就按原来的样式进行了处理，忽略了转义字符 \n。

字符串连接，代码及注释如下：

```
str4 = 'String\t'
str5 = 'is powerful'
str4 = str4+str5
print(str4)                         # String    is powerful
```

字符串格式化，代码及注释如下：

```
format_str1 = 'There are %d apples %s the desk.'
a_tuple = (2,'on')
print(format_str1 % a_tuple)        # There are 2 apples on the desk.
format_str2 = 'There are {0} apples {1} the desk.'.format(3,'on')
print(format_str2)                  # There are 3 apples on the desk.
format_str3 = 'There are %d apples %s the desk.'%(2,"on")
print(format_str3)                  # There are 2 apples on the desk.
```

返回字符串中子串的索引，代码及注释如下：

```
str6 = "Zootopia"
print(str6.find('to')) #3 返回第一个 to 的索引，注意 str6[3]='t',str6[4]='o'
```

字符串分隔，利用空格符分隔字符，返回列表，代码及注释如下：

```
str6_2 = "Z o o t o p i a"
print(str6_2.split())   #['Z', 'o', 'o', 't', 'o', 'p', 'i', 'a']
```

字符串连接，通过 join() 函数又可以还原 Z o o t o p i a，代码及注释如下：

```
print(' '.join(str6_2.split()))   #Z o o t o p i a
```

上一个例子是列表的连接，字符串也可以连接，功能类似，代码及注释如下：

```
str7 = '54321'
print('>'.join(str7))        # 5>4>3>2>1
```

split() 可以指定一个字符作为分隔符，分隔子串，返回列表，代码及注释如下：

```
str8 = '"Yes!",I answered.'
print(str8.split(','))       # ['"Yes!"', 'I answered.']
```

字符串子串统计，注意区分大小写，代码及注释如下：

```
str9 = 'A apple'
print(str9.count('A'))        # 1
str9 = str9.lower()           # 字符串大写转换为小写
print(str9.count('a'))        # 2
```

打印字符串若干次，代码及注释如下：

```
print('-'*70)                 # 打印字符串 "-"70 次
```

判断字符串是否为阿拉伯字母或数字，代码及注释如下：

```
str10 = '12345'
print(str10.isalnum())        #True
```

（3）元组（Tuple）

与列表和字符串一样，元组也是序列的一种，使用 () 定义。元组与列表不同的是元组中的值不能改变，字符串和元组都具有不可变性。代码及注释如下：

```
tuple1 = ('A','我')
print(tuple1)                 #('A', '我')
```

（4）字典（Dictionary）

字典是一种存储键（Key）值（Value）对的数据结构，使用大括号 {} 定义，元素以逗号分隔，键与值以冒号分隔。代码及注释如下：

```
x = {10:'a', 20:'b'}
print(x)                      #{10: 'a', 20: 'b'}
print(x[20])                  #b
x[30] = 'c'
print(x[30])                  #c
print(x)                      #{10: 'a', 20: 'b', 30: 'c'}
```

字典可以用于字符串的格式化，键和字符串中的形参对应。定义字典 temp，并传入字符串 format_strd，其中 **temp 表示任意多个关键字参数，即表示引用字典中的所有关键字参数，代码及注释如下：

```
temp = {'m': 3, 'n': 'on'}
format_strd = 'There are {m} apples {n} the desk.'.format(**temp)
print(format_strd)    # There are 3 apples on the desk.
```

（5）集合（Set）

集合用 {} 定义，该对象支持数学理论中相对应的操作，如并、交、差。

创建集合，代码及注释如下：

```
set1 = {1,2,3}        # 直接创建集合
set2 = set([2,3,4])   #set() 用列表创建集合
print(set1,set2)      #{1, 2, 3} {2, 3, 4}
```

集合差运算，将 set1 中所有包含在 set2 中的元素删除。代码及注释如下：

```
print(set1-set2)              #{1}
```

集合的并，将 set1 和 set2 中的所有元素合并。代码及注释如下：

```
print(set1|set2)              #{1, 2, 3, 4}
```

集合的交，取 set1 和 set2 中的相同元素。代码及注释如下：

```
print(set1&set2)              #{2, 3}
```

异或，返回只被 set1 包含或只被 set2 包含的元素。代码及注释如下：

```
print(set1^set2)              #{1, 4}
```

包含，如果 set1 全部包含 set2，则返回 True，否则 False。代码及注释如下：

```
print(set1>set2)              #False
```

（6）文件（File）

文件可以永久保存数据，数据分析中最常见的是对 .txt、.csv、Excel 等文件进行读写处理。下面分别以上述类型文件为例，演示在 Python 中如何读取这些类型文件。

有 .txt 文本文件 news.txt，内容如图 2-2 所示。

对 news.txt 文件的读取，代码及注释如下：

```
fp=open('news.txt')
a=fp.read()
fp.close()
print(a)                      # 打印文件内容
print(a.count('China'))       #2
```

图 2-2 news.txt 文件内容

有 Excel 文件 mtpl.xls，内容如图 2-3 所示。

图 2-3 mtpl.xls 文件内容

对 Excel 文件的读取，代码及注释如下：

```
import pandas as pd
# 列名与数据对齐显示
pd.set_option('display.unicode.ambiguous_as_wide', True)
pd.set_option('display.unicode.east_asian_width', True)
x=pd.read_excel('mtpl.xls', 'Sheet1')
print(x.head())               # 默认显示前 5 行
```

显示结果如图 2-4 所示。

```
    用户名称 评论级别         时间                       评论
0     K***2      好评  2017-03-17           真的好吃、良心商家、大大地赞
1     S***8      好评  2017-06-07                   味道不错，量也很多
2   宋***生      好评  2017-06-05                   送货贼快，棒棒哒！
3    穿***4      好评  2017-05-15                   分量足，味道一般
4   一***菜      好评  2017-05-15  速度太快了，一如既往地神速，口味还不错
```

图 2-4 读取 mtpl.xls 后的显示结果

有 .csv 文件 douban.csv，内容如图 2-5 所示。

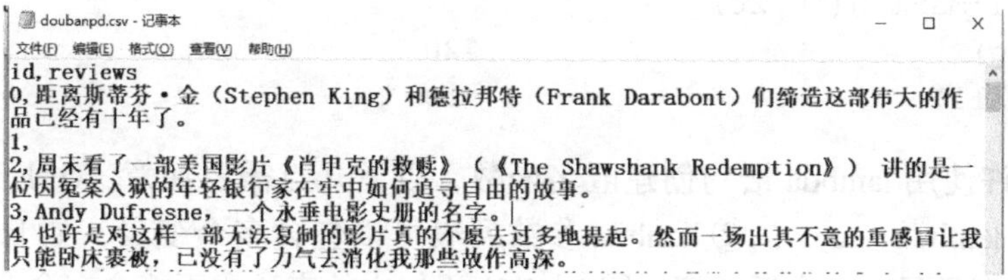
doubanpd.csv - 记事本

文件(F) 编辑(E) 格式(O) 查看(V) 帮助(H)

id,reviews
0,距离斯蒂芬·金（Stephen King）和德拉邦特（Frank Darabont）们缔造这部伟大的作品已经有十年了。
1,
2,周末看了一部美国影片《肖申克的救赎》（《The Shawshank Redemption》）讲的是一位因冤案入狱的年轻银行家在牢中如何追寻自由的故事。
3,Andy Dufresne，一个永垂电影史册的名字。
4,也许是对这样一部无法复制的影片真的不愿去过多地提起。然而一场出其不意的重感冒让我只能卧床裹被，已没有了力气去消化我那些故作高深。

图 2-5 douban.csv 文件内容

对 .csv 文件的读取，代码及注释如下：

```
import pandas as pd
pd.set_option('display.max_colwidth', 50)              # 设置列的宽度
train=pd.read_csv("doubanpd.csv", encoding='gbk')     # encoding='gbk'
                                                        # 表示对中文进行解码
print(train['reviews'].head())
```

显示结果如图 2-6 所示。

```
0    距离斯蒂芬·金（Stephen King）和德拉邦特（Frank Darabont）们缔造这...
1                                                 NaN
2    周末看了一部美国影片《肖申克的救赎》（《The Shawshank Redemption》）...
3              Andy Dufresne，一个永垂电影史册的名字。
4    也许是对这样一部无法复制的影片真的不愿去过多地提起。然而一场出其不意的重感冒让我只能卧床裹被...
Name: reviews, dtype: object
```

图 2-6 读取 douban.csv 后的显示结果

2.7 函数

在实际应用中，同一代码可能会被使用多次，如果程序由一段一段冗余的控制语句组成，那么程序的可读性会变差，所以需要使用函数去封装这些重复使用的程序段，并加以注释，下次使用的时候就可以直接调用，使代码更清晰明了。如 list.append(x)，有了函数 append()，调用者仅需了解该函数的输入和输出即可，而不必去探究其内部代码是如何编写的。

（1）创建函数

函数的定义使用 def 语句，代码及注释如下：

```
def fun():
    print("hello,world!")
fun()                                    #hello,world!
def hello(your_name):
    print("Hello\t"+your_name)
hello("Tom")                             #Hello    Tom
def maxmin(a,b):
    if a>b:
        return a,b
    else:
        return b,a
big,small=maxmin(10,20)
print(big)                               #20
print(small)                             #10
```

Python 允许使用 lambda 语句创建匿名函数，以下几点需要注意：① lambda 定义的是单行函数，如 lambda x:x+1；② lambda 参数列表可以包含多个变量，如 lambda x,y:x+y；③ lambda 语句有且只有一个返回值；④ lambda 语句中的表达式不能含有命令，而且仅限一条表达式。

举一个例子，对 math 模块中的对数函数 log() 进行改造，将其参数由两个变为一个，对数函数底设定为固定值 3。

首先导入 math 中的对数函数，代码及注释如下：

```
from math import log          # 引入 Python 数学库的对数函数
```

定义 mf() 函数，用于返回一个以 base 为底的匿名对数函数，代码及注释如下：

```
def mf(base):
    return lambda x:log(x,base)
```

创建了一个以 3 为底的匿名对数函数，并赋值给了 My_LF，代码如下：

```
My_LF = mf(3)
```

使用 My_LF 调用匿名函数，参数只需要真数即可，底数已设置为 3。而使用 log() 函数，则需要同时指定真数和对数。如果每次都是求以 3 为底数的对数，使用 My_LF 更为方便，代码及注释如下：

```
print(log(9,3))              #2.0
print(My_LF(9))             #2.0
```

（2）函数参数

函数在调用时，往往需要从外部传入相应的值，这时就需要为函数定义形式参数，以用来接收外部的值。函数的调用可以用位置参数，也可以用关键字参数，不带关键字的参数称为位置参数，带有关键字的参数称为关键字参数，下面举例说明。

位置参数和关键字参数的使用，代码及注释如下：

```
def fun2(a,b,c):    #定义函数，有 3 个形式参数 a,b,c,需要从外部接收值
```

```
    print(a,b,c)
fun2(1,2,3)              #1,2,3，根据位置传入，位置参数
fun2(a=1,b=2,c=3)        #1,2,3，根据关键字传入，关键字参数
fun2(1,c=3,b=2)          #1,2,3，位置参数必须在关键字参数前，不可以写成 fun2(a=1,2,3)
```

* 表示任意数量的位置参数，代码及注释如下：

```
def fun3(str1,*nums):
    print(str1,nums)
fun3("numbers:",1,2,3,4)     #numbers: (1, 2, 3, 4)
```

对于任意数量的关键字参数，** 表示可以带多个关键字参数，放在最后有效，这些参数会被放到字典内并传入函数中，代码及注释如下：

```
def fun4(a,*nums,**args):
    print(a,nums,args)
fun4(4,2,3,4,b=2,c=3)        #4 (2, 3, 4) {'b': 2, 'c': 3}
```

2.8　可变对象与不可变对象

根据值是否可以被改变，Python 的对象可分为可变对象和不可变对象。不可变对象有变量、字符串、元组，可变对象有字典、列表。

变量是不可变对象，代码及注释如下：

```
num=1
print(id(num))              # 地址 1
num=2
print(id(num))              # 地址 2
```

从上面代码的结果可以看出，地址 1 和地址 2 不同，说明在 Python 中，变量再次赋值时，会在内存中重新创建。

列表是可变对象，代码及注释如下：

```
def add2(list):
    list.append(3)
L=[1,2]
print(id(L))                # 列表地址
add2(L)
print(id(L))                # 和上面列表地址相同
print(L)                    #[1, 2, 3]
```

从上面的代码可以看出，列表地址不变，是可变对象。如果将列表变量赋给一个新的列表变量，它们共用同一个地址，则意味着一个对象值的改变会影响另一个对象。代码及注释如下：

```
list1 = [1,2,['a','b']]
list2 = list1
print('list1 = ',list1)               # list1 = [1, 2, ['a', 'b']]
```

```
print('list2 = ',list2)              # list2 = [1, 2, ['a', 'b']]
print(id(list1),id(list2))           # 列表地址相同
```

列表可进行复制。浅复制没有复制子对象，原始数据子对象改变，复制对象子对象也会跟着改变。深复制复制子对象，原始数据子对象改变，复制对象子对象不会改变。代码及注释如下：

```
import copy
list3 = copy.copy(list1)             # copy 浅复制
list4 = copy.deepcopy(list1)         # deepcopy 深复制
list1.append(3)
list1[2].append('c')
print('list1 = ',list1)              # list1 = [1,2,['a','b','c'],3]
print('list3 = ',list3)              # list3 = [1,2,['a','b','c']]
print('list4 = ',list4)              # list4 = [1,2,['a','b']]
```

从上述代码可以看出，列表复制是开辟了新的地址，代表了不同的对象。list1 追加元素，并没有对 list3 和 list4 产生影响，但 list3 使用的是浅复制，并没有复制子对象，所以子对象 ['a','b'] 改变为 ['a', 'b', 'c']，会影响到 list3，而 list4 使用的是深复制，并没有受到影响。

局部变量是在函数体内声明的变量。全局变量是在函数外部声明的变量，或在函数内部用 global 声明的变量。局部变量值的改变，不影响全局变量，代码及注释如下：

```
def defin_x():
    x=2            # 局部变量 x
x=1                # 全局变量 x
defin_x()
print(x)           #1
```

若在函数体内用 global 声明 x 为全局变量，则结果会被改变，代码及注释如下：

```
def defin_x():
    global x       # 声明为全局变量
    x=2
x=1
defin_x()
print(x)           #2
```

但不建议在函数内部声明全局变量，否则可能会引起混乱。函数是一个封装体，内部应避免和外部进行联系。

2.9　面向对象程序设计

（1）面向对象概述

面向对象的程序设计与人类对事物的抽象理解类似，现实世界是由万物组成并建立联系的。面向对象就是要构造这些万物，并建立它们之间的关系。

关键术语:

1）类（class）:用来描述具有相同属性和方法的对象的集合。它定义了该集合中对象所共有的属性和方法。对象是类的实例。

2）类变量:类变量在整个实例化的对象中是公用的。类变量定义在类中且在函数体之外。

3）实例变量:在类的声明中,属性是用变量来表示的,这种变量定义在构造方法内部,称为实例变量。

4）方法:类中定义的函数。方法有实例方法和类方法,实例方法要求方法需要有实例才能被调用,因此所有的方法都必须通过传入 self 来实现。

5）继承:即一个子类继承父类的属性和方法。Python 中允许多重继承。

（2）类的定义

定义类 Car,类中包含类变量 speed 和实例变量 price 和 color,实例变量定义在构造函数 __init__(self) 中（注意 init 左右是两个英文半角的下画线）,并初始化。代码及注释如下:

```
class Car:
    speed=300                      # 类变量
    def __init__(self):
        self.price=150             # 实例变量
        self.color='black'
print(Car.speed)                   #300
print(Car.price)          #这个引用将会报错,AttributeError: type object 'Car'
                          # has no attribute 'price'
g1=Car()
print(g1.price)                    #150
print(g1.color)                    #black
print(g1.speed)                    #300
g2=Car()
Car.speed=500
print(g1.speed)                    #500
print(g2.speed)                    #500
print(id(g1.speed))                #g1 speed 地址
print(id(g2.speed))                #g2 speed 地址与 g1 speed 地址相同
g1.speed=400
print(g1.speed)                    #400
print(g2.speed)                    #500
print(id(g1.speed))                #g1 speed 地址
print(id(g2.speed))                #g2 speed 地址与 g1 speed 地址不同
```

从上述结果可以看出,通过类名引用类变量来改变类变量值会对所有对象产生影响（同一地址）,而通过实例对象引用类变量来改变类变量值不会对其他对象产生影响（不同地址）。

定义类 Car,类中包含实例方法 run() 和类方法 r_turn()。定义实例方法时,参数中包含 self。代码及注释如下:

```
class Car():
    def run(self):                          # 实例方法
        print(" 我正在跑 ")
    def r_turn():                           # 类方法
        print(" 我正在右转 ")
g1=Car()
g1.run()                                    # 我正在跑
Car.r_turn()                                # 我正在右转
```

定义类 Man，类中包含实例变量 name、sex、age，并通过构造方法进行初始化，还包含实例方法 cry() 和 girl()，在 girl() 中利用实例变量 name、age、sex 进行字符串格式化赋值，并调用实例方法 cry()。代码及注释如下：

```
class Man():
    def __init__(self,name,sex,age):
        self.name=name
        self.sex=sex
        self.age=age
    def cry(self):
        print('%s 正在哭 '%self.name)
    def girl(self):
        print('%s%s 岁了，是个 %s'%(self.name,self.age,self.sex))
        self.cry()                          # 直接调用实例方法
people=Man(" 哈哈 ","girl",20)
people.girl()
```

显示结果：

哈哈 20 岁了，是个 girl

哈哈正在哭

（3）类的继承

在实际应用中，往往涉及上下游之间的继承关系，子类延用父类的所有特性称为类的继承。类的继承是类的一个重要特性，为组件模型复用提供了支撑。

定义类 fun_1()，类中包含实例变量 a、b 和实例方法 car()。代码如下：

```
class fun_1():
    def __init__(self):
        self.a=100
        self.b=200
    def car(self):
        print(" 我是一辆小汽车 ")
```

定义类 fun_2()，从 fun_1() 类继承，并进行扩展。代码及注释如下：

```
class fun_2(fun_1):
    def bus(self):
        print(" 我是公共小汽车 ")
fun2=fun_2()
```

```
print(fun2.a)          # 100
print(fun2.b)          #200
fun2.bus()             # 我是公共小汽车
fun2.car()             # 我是一辆小汽车
```

从上述例子可以看出，子类 fun_2() 继承父类 fun_1()，继承了父类变量 a、b 和方法 car()。

定义类 Person，包括实例变量 name、age 和实例方法 out()，通过构造方法对实例变量进行初始化。代码如下：

```
class Person:
    def __init__(self,name,age):
        self.name=name
        self.age=age
    def out(self):
        print(self.name,' 年纪是 ',self.age)
```

定义类 Student，从 Person 类继承过来，增加实例变量 score。代码及注释如下：

```
class Student(Person):
    def __init__(self,name,age,score):
        super().__init__(name,age)
        self.score=score
    def out(self):
        print(self.name,' 成绩是 ',self.score)
s1=Student(' 李明 ',19,80)
s1.out()                # 李明成绩是 80
```

（4）类的交互

定义类 Circle，通过构造方法初始化圆半径，并计算圆面积和周长。代码及注释如下：

```
from math import pi
class Circle:
    '''
定义了一个圆形类
提供计算面积 (area) 和周长 (perimeter) 的方法
    '''
    def __init__(self,radius):
        self.radius = radius
    def area(self):
    return round(pi * self.radius * self.radius,2)
                        # 面积四舍五入，保留两位小数
    def perimeter(self):
    return round(2 * pi *self.radius,2)
                        # 周长四舍五入，保留两位小数
circle = Circle(10)     # 实例化一个圆
area1 = circle.area()   # 计算圆面积
per1 = circle.perimeter() # 计算圆周长
```

```
print(area1,per1)
```

定义类 Ring，通过构造方法初始化外环和内环半径，并计算圆环面积和周长。代码及注释如下：

```
class Ring:
    '''
定义了一个环形类
提供计算环形的面积和周长的方法
    '''
    def __init__(self,radius_outside,radius_inside):
        self.outsid_circle = Circle(radius_outside)
        self.inside_circle = Circle(radius_inside)
    def area(self):
        return self.outsid_circle.area() - self.inside_circle.area()
    def perimeter(self):
        return  self.outsid_circle.perimeter() + self.inside_circle.
perimeter()
ring = Ring(10,5)                        # 实例化一个环形
print(ring.perimeter())                  # 计算环形的周长
print(ring.area())                       # 计算环形的面积
```

从上述例子可以看到，在 Ring 的构造方法中，调用类 Circle 作为实例变量，然后在实例方法中就可以引用该类的方法，完成类之间的交互操作。

（5）人狗大战

3 个角色：人 Person、狗 Dog、武器 Weapon。

场景设计：人可以攻击狗，也可以购买武器；狗也可以咬人。

示例代码及注释如下：

```
class Person:                                # 定义一个人类
    role = 'person'                          # 人的角色属性都是人
    def __init__(self, name, aggressivity, life_value, money):
        self.name = name                     # 每一个角色都有自己的昵称
        self.aggressivity = aggressivity     # 每一个角色都有自己的攻击力
        self.life_value = life_value         # 每一个角色都有自己的生命值
        self.money = money
    def attack(self,dog):
        # 人可以攻击狗，这里的狗也是一个对象
        # 人攻击狗，那么狗的生命值就会根据人的攻击力而下降
        dog.life_value -= self.aggressivity

class Dog:                                   # 定义一个狗类
    role = 'dog'                             # 狗的角色属性都是狗
    def __init__(self, name, breed, aggressivity, life_value):
        self.name = name                     # 每一只狗都有自己的昵称
        self.breed = breed                   # 每一只狗都有自己的品种
        self.aggressivity = aggressivity     # 每一只狗都有自己的攻击力
```

```
                self.life_value = life_value        # 每一只狗都有自己的生命值
        def bite(self,people):
            # 狗可以咬人，这里的狗也是一个对象
            # 狗咬人，那么人的生命值就会根据狗的攻击力而下降
            people.life_value -= self.aggressivity

class Weapon:
    def __init__(self,name, price, aggrev, life_value):
        self.name = name
        self.price = price
        self.aggrev = aggrev
        self.life_value = life_value
    def update(self, obj):                           # obj 就是要带这个装备的人
        obj.money -= self.price     # 用这个武器的人需要花钱买，所以对应的钱要减少
        obj.aggressivity += self.aggrev              # 带上这个装备可以让人增加攻击力
        obj.life_value += self.life_value            # 带上这个装备可以让人增加生命值
    def prick(self, obj):                            # 这是该装备的主动技能，扎死对方
        obj.life_value -= 500                        # 假设攻击力是 500

lance = Weapon(' 长矛 ',200,6,100)                    # 创造了一个实实在在的武器 lance
egg = Person('egon',10,1000,600)                     # 创造了一个实实在在的人 egg
ha2 = Dog(' 小明 ',' 哈士奇 ',10,1000)                  # 创造了一只实实在在的狗 ha2
if egg.money > lance.price:          # 如果 egg 的钱比装备的价钱多，就可以买一把长矛
    lance.update(egg)                     #egg 花钱买了一个长矛防身，且自身属性得到了提高
    egg.weapon = lance                               #egg 装备上了长矛
print(egg.money,egg.life_value,egg.aggressivity) # 400 1100 16
print(ha2.life_value)                                # 1000
egg.attack(ha2)                                      # egg 打了 ha2 一下
print(ha2.life_value)                                # 984，生命值减少了 16
egg.weapon.prick(ha2)                                # 发动武器攻击
print(ha2.life_value)                                # 484，生命值减少 500
```

（6）多重继承

Python 中可以使用多重继承，这里定义了类 C，同时继承了类 A 和类 B。示例代码及注释如下：

```
class A:
    a="helloA"
    def __init__(self):
        self.Aa=10
        self.Ab=20
    def outA(self):
        print(" 我是 A 中的方法 ")
class B:
    b="helloB"
    def __init__(self):
        self.Ba=100
```

```
            self.Bb=200
      def outB(self):
            print(" 我是 B 中的方法 ")
class C(A,B):
      def __init__(self):
            A.__init__(self)
            B.__init__(self)
      def outC(self):
            print(" 我是 C 中的方法 ")
x=C()
x.outA()                          # 我是 A 中的方法
x.outB()                          # 我是 B 中的方法
x.outC()                          # 我是 C 中的方法
print(x.a,x.b)                    #helloA helloB
print(x.Aa,x.Ba)                  #10 100
```

（7）方法重写

方法的重写是指在子类中对父类的方法进行重定义，注意重写的方法权限范围不能变小。示例代码及注释如下：

```
class A:
      def outA(self):
            print(" 我是 A 中的方法 ")
class B(A):
      def outB(self):
            print(" 我是 B 中的方法 ")
      def outA(self):
            print(" 我重写了 A 中的方法 ")
x=B()
x.outA() # 我重写了 A 中的方法
```

在子类中有时需要在构造方法中调用父类的构造方法，以对父类的构造方法进行重写，可使用 super().__init__()。示例代码及注释如下：

```
class A():
      def __init__(self):
            self.namea="aaa"
      def funca(self):
            print("function a : %s"%self.namea)
class B(A):
      def __init__(self):
            super().__init__()           # 在子类中调用父类的构造方法
            self.nameb="bbb"
      def funcb(self):
            print("function b : %s"%self.nameb)
b=B()
print(b.nameb)                            #bbb
```

```
b.funcb()                          #function b : bbb
b.funca()                          #function a : aaa
```

2.10　练习

（1）定义函数 Fib(*n*)，输出 10 个斐波那契数列的数：1，1，2，3，5，8，13，21，34，55。

（2）将列表 [2,5,8,12,35,56,9,4,12,55] 中的奇数和偶数分别存放在不同的列表中。

（3）从键盘输入一个字符串，并统计它在文件 news.txt 中出现的频率。

（4）某个公司采用公用电话传递数据，数据是 4 位的整数，在传递过程中是加密的，加密规则如下：每位数字都加上 5，然后用除以 10 的余数代替该数字，再将第一位和第四位交换，将第二位和第三位交换。如 4567，加密后为 2109。

（5）创建 3 个游戏人物，分别是：

小赵，女，18，初始战斗力 1000。

小钱，男，20，初始战斗力 1800。

小孙，女，19，初始战斗力 2500。

创建 3 个游戏场景，分别是：

偷袭，主动攻击一方得到 200 战斗力，被攻击一方消耗 200 战斗力。

修炼，增长 100 战斗力。

投降，投降一方的战斗力主动贡献给胜利一方。

第 3 章

大数据处理常用模块

本章讲解利用 Python 进行大数据处理时常用的三大模块，并结合实例帮助读者掌握大数据处理必备的这三大核心模块应用。模块是最高级别的程序组织单元，它能够将程序代码和数据封装以便使用。本章的重点内容有：

> NumPy：矩阵计算
> Pandas：数据读取
> Matplotlib：数据可视化

3.1 NumPy

NumPy 是 Python 科学计算的基础模块，主要用来存储和处理大型矩阵。示例代码及注释如下：

```
import numpy as np            # 导入模块 NumPy, 定义别名为 np
arr1 = np.array([2,3,4])      # 通过列表创建一维数组，一维数组可表示一个向量
arr2 = np.array([(1.3,9,2.0),(7,6,1)])   # 创建 2 行 3 列的二维数组，二维数组
                                          # 称为矩阵
arr3 = np.zeros((2,3))        # 通过元组 (2, 3) 生成全零 2 行 3 列的二维矩阵
arr4 = np.identity(3)         # 生成 3 行 3 列的二维单位矩阵
arr5 = np.random.random(size = (2,3))   # 生成每个元素都在 [0,1] 之间的 2 行
                                         # 3 列随机矩阵
arr6 = np.arange(5,20,3)               # 等距序列，参数为起点、终点、步长值。含起
                                       # 点值，不含终点值
arr7 = np.linspace(0,2,5)    # 等距序列，参数为起点、终点、序列数。含起点值和终点值
print(arr6)                   #[ 5 8 11 14 17]
print(arr2.shape)             # 返回矩阵的规格，为 (2,3)
print(arr2.ndim)              # 返回矩阵的维度，为 2
print(arr2.size)              # 返回矩阵元素总数，为 6
```

```
print(arr2.dtype.name)          # 返回矩阵元素的数据类型 float64
print(type(arr2))               # 查看整个数组对象的类型 <class 'numpy.ndarray'>
```

自定义函数，生成矩阵，示例代码及注释如下：

```
def f(x,y):
    return 10*x+y
arr8 = np.fromfunction(f,(4,3),dtype = int)   # 用 f() 函数生成 4 行 3 列的矩阵
print(arr8)
```

fromfunction() 函数分别将 (0,0),…,(3,2) 代入，形成 4 行 3 列二维矩阵，打印结果：

```
[[ 0  1  2]
 [10 11 12]
 [20 21 22]
 [30 31 32]]
```

矩阵可以用索引进行切片操作，代码及注释如下：

```
print(arr8[1:3,:-1])                # 返回第 2、3 行的前两列
```

打印结果：

```
[[10 11]
 [20 21]]
```

用 np.arange() 函数生成矩阵，示例代码及注释如下：

```
b= np.arange(12).reshape(3,4)       # 用 0 ～ 11 的整数生成 3 行 4 列的二维矩阵
print(b)
```

打印结果：

```
[[ 0  1  2  3]
 [ 4  5  6  7]
 [ 8  9 10 11]]
```

创建两个 2 行 2 列的二维矩阵，进行矩阵运算，代码如下：

```
arr9 = np.array([[2,1],[3,1]])
arr10 = np.array([[1,2],[3,4]])
print(arr9)
```

打印结果：

```
[[2 1]
 [3 1]]
```

```
print(arr10)
```

打印结果：

```
[[1 2]
 [3 4]]
```

矩阵相减，代码如下：

```
print(arr9-arr10)
```

打印结果：

```
[[ 1 -1]
 [ 0 -3]]
```

矩阵对应位置的数相乘，代码如下：

```
print(arr9*arr10)        # 相对应位置的数相乘
```

打印结果：

```
[[2 2]
 [9 4]]
```

矩阵相乘，A矩阵第1行与B矩阵第1列对应位置的数相乘后相加得第1行第1列的值，以此类推，代码如下：

```
print(np.dot(arr9,arr10))
```

打印结果：

```
[[ 5  8]
 [ 6 10]]
```

矩阵的转置，代码如下：

```
print(arr10.T)
```

打印结果：

```
[[1 3]
 [2 4]]
```

矩阵的逆矩阵，代码如下：

```
print(np.linalg.inv(arr10))
```

打印结果：

```
[[-2.  1. ]
 [ 1.5  -0.5]]
```

矩阵元素的求和、最大值、按行（列）累计求和，代码及注释如下：

```
print(arr10.sum())              # 数组元素求和，得到10
print(arr10.max())              # 返回数组最大元素，为4
print(arr10.cumsum(axis = 0))   # 按行累计总和,axis=1 按列累计
```

打印结果：

```
[[1 2]
```

```
 [4  6]]
```

矩阵的指数函数，代码如下：

```
print(np.exp(arr9))
```

打印结果：

```
[[  7.3890561    2.71828183]
 [ 20.08553692   2.71828183]]
```

矩阵的正弦函数，代码如下：

```
print(np.sin(arr9))
```

打印结果：

```
[[ 0.90929743  0.84147098]
 [ 0.14112001  0.84147098]]
```

矩阵的开方，代码如下：

```
print(np.sqrt(arr9))
```

打印结果：

```
[[1.41421356 1.        ]
 [1.73205081 1.        ]]
```

矩阵的加，代码如下：

```
print(np.add(arr9,arr10))    # 与 arr9+arr10 的效果一样
```

打印结果：

```
[[3 3]
 [6 5]]
```

矩阵的纵向合并，代码如下：

```
arr11 = np.vstack((arr9,arr10))
print(arr11)
```

打印结果：

```
[[2 1]
 [3 1]
 [1 2]
 [3 4]]
```

矩阵的横向合并，代码如下：

```
arr12 = np.hstack((arr9,arr10))
print(arr12)
```

打印结果：

```
[[2 1 1 2]
 [3 1 3 4]]
```

矩阵的纵向拆分，代码如下：

```
print(np.hsplit(arr12,2))
```

打印结果：

```
[array([[2, 1], [3, 1]]), array([[1, 2], [3, 4]])]
```

矩阵的横向拆分，代码如下：

```
print(np.vsplit(arr12,2))
```

打印结果：

```
[array([[2, 1, 1, 2]]), array([[3, 1, 3, 4]])]
```

3.2　Pandas

Pandas 这个名字衍生自术语 "Panel Data"（面板数据）和 "Python Data Analysis"，是一个强大的分析结构化数据的工具集，基础是 NumPy，可以通过各种文件（比如 CSV、SQL、Excel 文件）导入数据，从而对数据进行操作，比如归并、再成形、选择操作，还可进行数据清洗和数据加工。Pandas 广泛应用在学术、金融、统计学等各个数据分析领域。Pandas 的主要数据结构是 Series（一维数据）与 DataFrame（二维数据）。

（1）Series 对象

Series 是一个一维数据，Pandas 会默认用 0 ~ n-1 来作为 Series 的 index，其中 n 是数据长度，也可以自己指定 index（可以把 index 理解为 dict 里面的 key），示例代码及注释如下：

```
import pandas as pd              # 导入模块 pandas,定义别名为 pd
import numpy as np
s=pd.Series([1,2,3,np.nan,5,6])  # 列表生成 Series 对象
print(s)                         # 索引在左边,值在右边
```

打印结果：

```
0    1.0
1    2.0
2    3.0
3    NaN
4    5.0
5    6.0
dtype: float64
```

对 Series 对象进行切片操作，代码如下：

```
print(s[0:3])
```

打印结果:

```
0    1.0
1    2.0
2    3.0
dtype: float64
```

Pandas 定义 Series 对象时指定索引, 代码及注释如下:

```
s=pd.Series([9,'zheng','beijing',128,'usa',990],index=[1,2,3,'e','f',
'g'])                    #index 参数指定索引
print(s)
```

打印结果:

```
1          9
2      zheng
3    beijing
e        128
f        usa
g        990
dtype: object
```

通过索引引用对象的值, 代码如下:

```
print(s['e'])
```

打印结果:

```
128
```

通过字典生成 Series 对象, 代码如下:

```
s = {"ton": 20, "mary": 18, "jack": 19, "car": None}
sa = pd.Series(s)
print(sa)
```

打印结果:

```
car      NaN
jack    19.0
mary    18.0
ton     20.0
dtype: float64
```

从结果可以看到, 默认根据字典的键码字符串顺序排序, 也可以指定顺序, 代码及注释如下:

```
sa = pd.Series(s, index=['ton', 'mary', 'jack', 'car'])
                            #指定顺序 'ton', 'mary', 'jack', 'car'
print(sa)
```

打印结果：

```
ton      20.0
mary     18.0
jack     19.0
car       NaN
dtype: float64
```

通过索引引用对象的值，代码如下：

```
print(sa['ton'])
```

打印结果：

```
20.0
```

通过多个索引引用对象的值，代码及注释如下：

```
print(sa[['ton', 'mary']])    # 获取多个值时传入的是列表
```

打印结果：

```
ton      20.0
mary     18.0
dtype: float64
```

对 Series 对象进行切片操作，代码及注释如下：

```
print(sa['ton':'jack'])    # 注意：字符索引包括结尾，数值索引不包括结尾
```

打印结果：

```
ton      20.0
mary     18.0
jack     19.0
dtype: float64
```

通过 NumPy 的 random.randn() 产生的随机数生成 Series 对象，代码如下：

```
num = pd.Series(np.random.randn(5))
print(num)
```

NumPy 的 random.randn() 和 random.rand() 都是产生随机数的函数，前者产生的随机数服从标准正态分布，后者产生的随机样本服从 [0,1) 之间的均匀分布。

（2）DataFrame 对象

DataFrame 对象将数据按行和列的方式组织起来，相当于矩阵。示例代码及注释如下：

```
data = {'id': ['Jack', 'Sarah', 'Mike'],
        'age': [18, 35, 20],
        'cash': [10.53, 500.7, 13.6]}
df = pd.DataFrame(data)        # 调用构造函数并将结果赋值给 df
print(df)
```

打印结果：

```
   age     cash      id
0   18    10.53    Jack
1   35   500.70   Sarah
2   20    13.60    Mike
```

对 DataFrame 对象增加列，代码如下：

```
df["rich"]=df["cash"]>200
print(df)
```

打印结果：

```
   age     cash      id    rich
0   18    10.53    Jack   False
1   35   500.70   Sarah    True
2   20    13.60    Mike   False
```

生成 DataFrame 对象时指定列的顺序，代码如下：

```
df2=pd.DataFrame(data,columns=["id","age","cash"])
print(df2)
```

打印结果：

```
      id    age     cash
0   Jack    18    10.53
1  Sarah    35   500.70
2   Mike    20    13.60
```

引用 DataFrame 对象的列，代码如下：

```
print(df2["id"])
```

打印结果：

```
0     Jack
1    Sarah
2     Mike
Name: id, dtype: object
```

对 DataFrame 对象进行切片操作，代码如下：

```
print(df2.iloc[:,0:2])
```

打印结果：

```
      id    age
0   Jack    18
1  Sarah    35
2   Mike    20
```

Pandas 库中有 iloc 和 loc 以及 ix，可以用来索引数据，抽取数据。

1）iloc 主要使用数字来索引数据，不能使用字符型的标签来索引数据。而 loc 则刚好相反，只能使用字符型标签来索引数据，不能使用数字来索引数据。注意：数字索引范围不包括结尾，而字符索引范围包括结尾。

2）ix 是一种混合索引，字符型标签和整型数据索引都可以使用。

为 data 创建字符串索引，代码如下：

```
ind = ['one', 'two', 'three']
df3=pd.DataFrame(data,index=ind)
print(df3)
```

打印结果：

```
        age     cash        id
one      18    10.53      Jack
two      35   500.70     Sarah
three    20    13.60      Mike
```

用数字索引进行行切片操作，代码如下：

```
df3.iloc[0:-1]
```

打印结果：

```
      age     cash       id
one    18    10.53     Jack
two    35   500.70    Sarah
```

用数字索引进行行列切片操作，代码如下：

```
df3.iloc[0:-1,0:2]
```

打印结果：

```
      age     cash
one    18    10.53
two    35   500.70
```

用字符串索引进行行列切片操作，代码如下：

```
df3.loc['one':'three',['cash']]
```

打印结果：

```
         cash
one     10.53
two    500.70
three   13.60
```

用字符串索引进行指定行操作，代码如下：

```
print(df3.ix['two'])
```

打印结果：

```
age           35
cash          500.7
id            Sarah
Name: two, dtype: object
```

用字符串索引进行行切片操作，代码如下：

```
print(df3.ix[['one','three']])
```

打印结果：

```
        age    cash      id
one      18   10.53    Jack
three    20   13.60    Mike
```

用数字索引、字符串索引进行混合切片操作，代码如下：

```
print(df3.ix[0:-1,['id','cash']])
```

打印结果：

```
         id     cash
one      Jack   10.53
two      Sarah  500.70
```

3.3　Matplotlib

Matplotlib 是 Python 中著名的绘图库，主要用来进行数据可视化。

（1）数据可视化

数据可视化就是将数据合理地映射成图形元素的过程。人类是视觉动物，其视觉神经系统有强大的模式识别和分析能力，数据可视化是启动这套系统的途径。

数据可视化分为探索型和解释型，探索型通常是做之前并不知道数据中有哪些规律，可视化是探索的工具；解释型通常是知道规律，目的是让其他人更容易理解数据中的规律。

一个好的数据可视化，通常要考虑以下问题：哪些信息最重要？使用什么数据？受众群体是谁？细节程度？

同时，选择合适的视觉编码方法也很重要，通常考虑的因素有位置、长度、面积、方向、颜色、形状等。

（2）一个可视化实例

有文件 csvTest.csv，包括 number1、number2、number3 这 3 列数据，如图 3-1 所示。现在需要研究变量 number1 和 number3、number2 和 number3 之间的相关性，并进行可视化呈现。

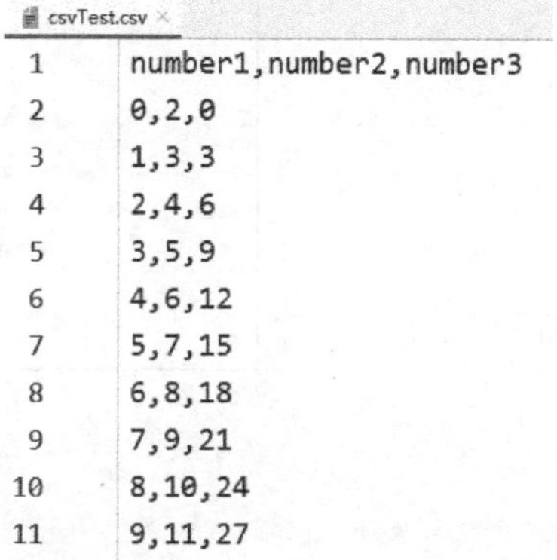

	csvTest.csv ×
1	number1,number2,number3
2	0,2,0
3	1,3,3
4	2,4,6
5	3,5,9
6	4,6,12
7	5,7,15
8	6,8,18
9	7,9,21
10	8,10,24
11	9,11,27

图 3-1　csvTest.csv 文件内容

使用 Pandas 读取数据，代码及注释如下：

```
import pandas as pd
test=pd.read_csv("csvTest.csv")      # 读取本地的 csvTest.csv 文件
print(test.head())
```

打印结果如图 3-2 所示。

查看数据的统计指标，以了解数据的基本情况，代码及注释如下：

```
print(test.describe().ix[['mean','std'],:].
round(2))   #均值、标准差结果保留两位小数
```

	number1	number2	number3
0	0	2	0
1	1	3	3
2	2	4	6
3	3	5	9
4	4	6	12

图 3-2　csvTest.csv 打印结果

打印结果如图 3-3 所示。

计算前两列数据和第 3 列数据的相关系数，代码如下：

	number1	number2	number3
mean	4.50	6.50	13.50
std	3.03	3.03	9.08

图 3-3　统计指标打印结果

```
for i in range(2):
    print(test.ix[:,i].corr(test.ix[:,2]).round(2))
```

相关系数都为 1.0，说明数据之间呈现高度的相关性，用散点图对数据的关系进行可视化分析，代码如下：

```
import matplotlib.pyplot as plt                # 导入绘图工具，定义别名为 plt
fig, axes = plt.subplots(1,2, figsize=(8, 4)) #定义画布和坐标轴
for i in range(2):
    axes[i].scatter(test.ix[:,i],test.ix[:,2])    # 绘制第 1 列和第 3 列、第
                                                   2 列和第 3 列之间的散点图
plt.show()
```

从散点图 3-4 可以看出，number1 和 number3、number2 和 number3 之间存在高度的相关性。

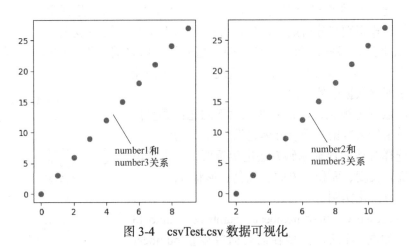

图 3-4　csvTest.csv 数据可视化

（3）画布

figure：画布，画图的第一件事，就是创建一个画布 figure，然后在这个画布上添加各种元素。

axes：坐标轴，在一个坐标轴上可以独立画一个图形，一张画布可以创建多个坐标轴。

label：坐标轴上的标签。

ticks：坐标轴上的刻度。

legend：图例标签。有 4 个参数：

1）loc = 0：表示自动寻找最佳位置。

2）ncol = 3：表示分 3 列。

3）fontsize：设置字体。

4）frameon = True：设置边框。

绘制方程 $y_1 = x^3 + 5x^2 + 10$ 的曲线，代码及注释如下：

```
import numpy as np
x = np.linspace(-5, 2, 100)   # 生成 -5 ～ 2 之间的 100 个数，它们为等差数列
print(x)                      # 打印这些数据
y1 = x**3 + 5*x**2 + 10       #y1 方程
plt.plot(x,y1)                #x 为横坐标，y1 为纵坐标，默认线图
plt.show()
```

结果如图 3-5 所示。

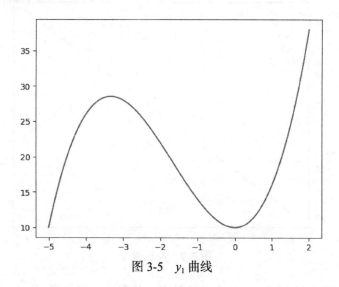

图 3-5　y_1 曲线

绘制方程 $y_2 = 3x^2 + 10x$ 的曲线，代码及注释如下：

```
y2 = 3*x**2 + 10*x
plt.plot(x,y2)
plt.show()
```

结果如图 3-6 所示。

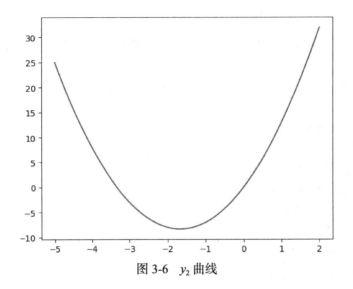

图 3-6 y_2 曲线

绘制方程 $y_3=6x+10$ 的曲线，代码及注释如下：

```
y3 = 6*x + 10
plt.plot(x,y3)
plt.show()
```

结果如图 3-7 所示。

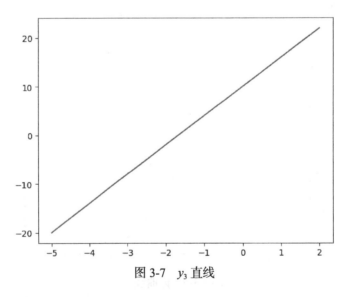

图 3-7 y_3 直线

将上述 3 个方程绘制在同一个画布坐标轴上，代码及注释如下：

```
fig, ax = plt.subplots()
ax.plot(x, y1, c="b", label="y(x)")        #c(color) 为颜色参数 ,b 表示 blue
ax.plot(x, y2, c="g", label="y'(x)")       #g 表示 green
ax.plot(x, y3, c="r", label="y''(x)")      #r 表示 red
ax.set_xlabel("x")                          # 设置 x 轴名称
```

```
ax.set_ylabel("y")                              # 设置 y 轴名称
ax.legend()                                     # 加图例标签
plt.show()
```

结果如图 3-8 所示。

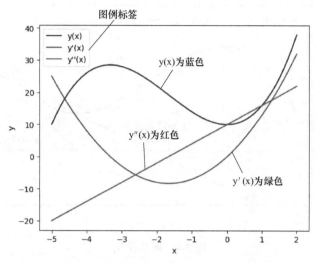

图 3-8　在一个坐标轴上显示 3 个方程

将上述画布保存为 .pdf 文件，代码如下：

```
fig.savefig("figure-1.pdf")
```

再对上述图形进行优化，如图 3-9 所示。代码及注释如下：

```
fig, ax = plt.subplots(figsize=(6,3))            # 定义画布大小
ax.plot(x, y1, lw=1.5, color="blue", label="$y(x)$")
                                #lw 表示线条粗细，图例标签使用 latex 数学符号和公式
ax.plot(x, y2, lw=1.5, color="red", label="$y'(x)$")
ax.plot(x, y3, lw=1.5, color="green", label="$y''(x)$")
ax.plot(x, np.zeros_like(x), lw=0.5, color="black")
ax.plot([-3.33,-3.33], [0, (-3.33)**3 + 5*(-3.33)**2 + 10],ls='--',
lw=1,color="black")
                                                #ls 表示线型
                                                # 连接原点和 [0,10] 的线段
ax.plot([0, 0], [0, 10], lw=0.5, ls='--', color="black")
ax.plot([0], [10], lw=0.5, marker='o', color="blue")   # 画点，o 要小写
ax.plot([-3.33], [(-3.33)**3 + 5*(-3.33)**2 + 10], lw=0.5, marker='o',
color="blue")
ax.set_ylim(-15, 40)                             # 显示 y 轴的上下限
ax.set_yticks([-10, 0, 10, 20, 30])              # 画 y 轴的刻度和 x 轴的刻度
ax.set_xticks([-4, -2, 0, 2])
ax.set_xlabel("$x$", fontsize=18)
ax.set_ylabel("$y$", fontsize=18)
```

```
                                                   # loc 会自动设置 legend 位置
ax.legend(loc=0, ncol=3, fontsize=14, frameon=False)
    # 显示图例位置，0 表示最佳，ncol 表示图例要分几列，frameon 表示是否需要图例的外框
plt.show()
```

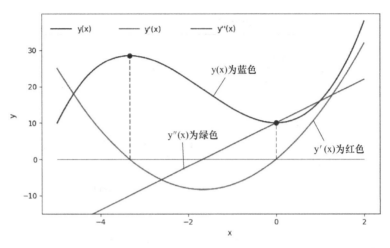

图 3-9　图形优化

（4）绘制各种图形

Matplotlib 可以绘制各种图形，包括线图、阶梯图、条形图、面积图等。下面通过具体的示例来看各种图形的生成。

有方程 $y_1=x^3+3x^2+10$ 和 $y_2=-1.5x^3+10x^2-15$，试用不同的图形来进行可视化。

线图绘制代码及注释如下：

```
x = np.linspace(-3, 3, 25)
#print(x)
y1 = x**3+ 3 * x**2 + 10
y2 = -1.5 * x**3 + 10*x**2 - 15
fig, ax = plt.subplots(figsize=(4, 3))
ax.plot(x, y1,color="red")    # 默认是线图，颜色为红色
ax.plot(x, y2)                # 颜色不设定，随机分配
plt.show()
```

结果如图 3-10 所示。

阶梯图绘制代码及注释如下：

```
fig, ax = plt.subplots(figsize=(4, 3))
ax.step(x, y1)                # 使用 step() 绘制阶梯图
ax.step(x, y2)
plt.show()
```

结果如图 3-11 所示。

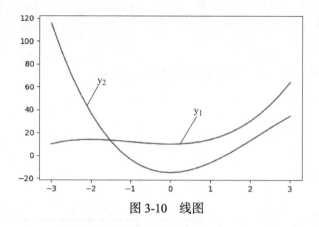

图 3-10　线图

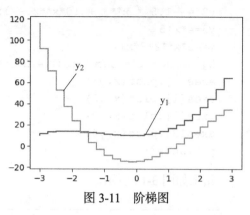

图 3-11　阶梯图

条形图绘制代码及注释如下：

```
fig, ax = plt.subplots(figsize=(4, 3))
ax.bar(x, y2,width=0.1,color="blue") #使用bar()绘制条形图,width参数设置宽度
plt.show()
```

结果如图 3-12 所示。

面积图绘制代码及注释如下：

```
fig, ax = plt.subplots(figsize=(4, 3))
ax.fill_between(x, y1, y2)    #使用 fill_between()将 y1 和 y2 之间的面积填起来
plt.show()
```

结果如图 3-13 所示。

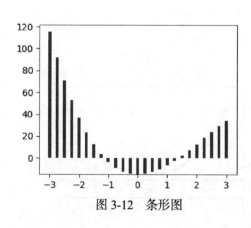

图 3-12　条形图

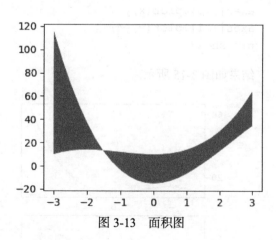

图 3-13　面积图

（5）子图

在一个画布中，可以布局多个子图，以节省空间。如将方程 $y_1=x^3+3x^2+10$、$y_2=-1.5x^3+10x^2-15$、$y_3=4x+5$ 和 $y_4=3x^2+2x+2$ 在同一个画布的不同坐标轴上显示。

定义画布子图为 1 行 4 列，代码及注释如下：

```
x = np.linspace(-3, 3, 25)
y1 = x**3+ 3 * x**2 + 10
```

```
y2 = -1.5 * x**3 + 10*x**2 - 15
y3=4*x+5
y4=3*x**2+2*x+2
fig, axes = plt.subplots(1,4,figsize=(12,2))    #定义画布子图为1行4列
axes[0].plot(x,y1)
axes[1].plot(x,y2)
axes[2].plot(x,y3)
axes[3].plot(x,y4)
plt.show()
```

结果如图 3-14 所示。

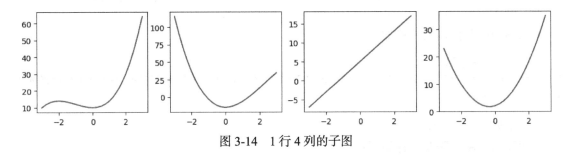

图 3-14   1 行 4 列的子图

也可定义画布子图为 2 行 2 列，代码及注释如下：

```
fig, axes = plt.subplots(2,2,figsize=(8,4))   #定义画布子图为2行2列
axes[0,0].plot(x,y1)
axes[0,1].plot(x,y2)
axes[1,0].plot(x,y3)
axes[1,1].plot(x,y4)
plt.show()
```

结果如图 3-15 所示。

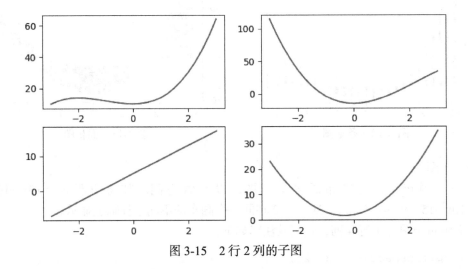

图 3-15   2 行 2 列的子图

无论是 1 行 4 列，还是 2 行 2 列，画布布局都是比较规则的。若出现不规则的图形布局，则需要分区域布局，如图 3-16 所示。代码及注释如下：

```
# 第一部分
plt.subplot(2,1,1)      #2 行 1 列，第 1 个子图
plt.plot(x,y1)
# 第二部分
plt.subplot(2,2,3)      #2 行 2 列，第 2 个子图
plt.plot(x,y2)
# 第三部分
plt.subplot(2,2,4)      #2 行 2 列，第 3 个子图
plt.plot(x,y3)
plt.show()
```

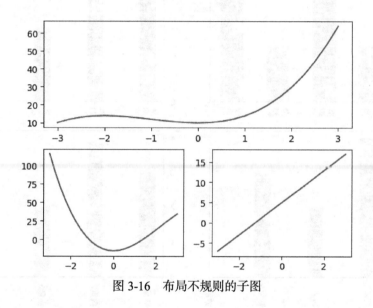

图 3-16　布局不规则的子图

（6）对每个子图进行设置

有时在实际应用中，需要对每个子图的坐标轴刻度、显示标签、图形进行单独设置，如图 3-17 所示。代码及注释如下：

```
import matplotlib.pyplot as plt
plt.rcParams['font.sans-serif']=['SimHei']   # 用来正常显示中文标签
plt.rcParams['axes.unicode_minus'] = False   # 用来正常显示负号
fig=plt.figure(figsize=(20, 20))             # 定义画布大小
x=range(5)                                    # 设置 x 数据范围
y=[2, 2, 5, 2, 4]                             # 设置 y 数据列表
s=['数量 1','数量 2','数量 3','数量 4','数量 5']# 定义字符串列表
ax1 = fig.add_subplot(2,2,1)                  # 增加 2 行 2 列第 1 个子图
plt.bar(x, y, width=0.5)                      # 绘制条形图
plt.xticks(x, s, rotation=0)          # 设置 x 轴刻度，rotation 为刻度旋转的度数
ax2 = fig.add_subplot(2,2,2)
```

```
plt.bar(range(4), [3, 4,2,3], width=0.3)
plt.xticks(x, s, rotation=0)
ax3 = fig.add_subplot(2,2,3)
plt.bar(range(4), [3, 4,2,3], width=0.3)
plt.xticks(x, s, rotation=90)
ax4 = fig.add_subplot(2,2,4)
plt.bar(range(4), [3, 4,2,3], width=0.3)
plt.xticks(x, s, rotation=90)
plt.show()
```

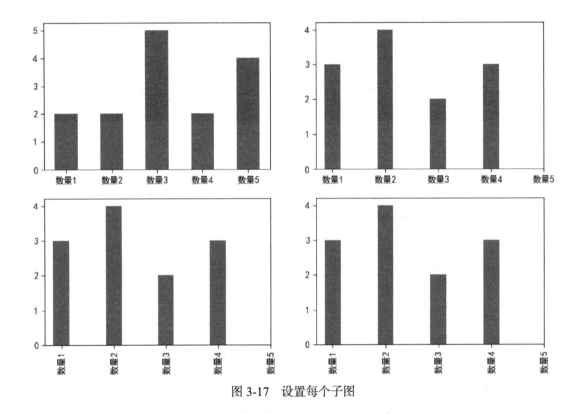

图 3-17　设置每个子图

3.4　练习

（1）有数据表，X_1、X_2、X_3 分别代表 3 个特征，如表 3-1 所示，用 NumPy 进行矩阵的定义，并求该矩阵的转置、矩阵的最大值和最小值、按行（列）累计和。

表 3-1　数据特征

X_1	X_2	X_3
2	0	−1.4
2.2	0.2	−1.5
2.4	0.1	−1
1.9	0	−1.2

（2）有泰坦尼克号游轮乘客数据记录，保存在 titanic.csv 文件中，试用 Pandas 进行读取，并对其中的数据进行统计和探索性分析。

```
import pandas as pd
titanic = pd.read_csv('titanic.csv')
print(titanic.head())
```

默认打印 5 条记录，结果如图 3-18 所示。

```
   pclass survived                              name    sex      age sibsp \
0     1st        1       Allen, Miss. Elisabeth Walton female  29.0000     0
1     1st        1       Allison, Master. Hudson Trevor  male   0.9167     1
2     1st        0       Allison, Miss. Helen Loraine female   2.0000     1
3     1st        0       Allison, Mr. Hudson Joshua Crei  male  30.0000     1
4     1st        0       Allison, Mrs. Hudson J C (Bessi female  25.0000     1


   parch ticket       fare   cabin     embarked boat   body \
0      0  24160 211.337494      B5  Southampton    2    NaN
1      2 113781 151.550003 C22 C26  Southampton   11    NaN
2      2 113781 151.550003 C22 C26  Southampton  NaN    NaN
3      2 113781 151.550003 C22 C26  Southampton  NaN  135.0
4      2 113781 151.550003 C22 C26  Southampton  NaN    NaN


                          home.dest
0                       St Louis, MO
1   Montreal, PQ / Chesterville, ON
2   Montreal, PQ / Chesterville, ON
3   Montreal, PQ / Chesterville, ON
4   Montreal, PQ / Chesterville, ON
```

图 3-18　打印的泰坦尼克号乘客数据记录

其中，各变量的含义如下：

pclass：舱位，"1st"为一等舱，"2nd"为二等舱，"3rd"为三等舱。

survived：是否生存，1 为生存，0 为未生存。

sibsp：在船上的配偶和兄弟姐妹数量。

parch：在船上的父母和子女数量。

ticket：船票号码。

fare：票价。

cabin：房间号。

embarked：登船地点。

boat：救生船号码。

body：尸体编号。

home.dest：家乡。

（3）鸢尾花是一种植物，需要通过花萼长度、花萼宽度、花瓣长度、花瓣宽度 4 个属性预测鸢尾花卉属于 Setosa（山鸢尾）、Versicolour（杂色鸢尾）、Virginica（维吉尼亚鸢尾）这 3 种类型中的哪一种，对应数据集中的标签 (0,1,2)。鸢尾花如图 3-19 所示。

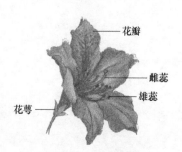

图 3-19　鸢尾花

绘制出不同种类鸢尾花花萼、花瓣长度和宽度的散点图（scatter）及箱线图（boxplot）。数据从机器学习包中导入。

```
import pandas as pd
from sklearn.datasets import load_iris
iris_dataset=load_iris()
iris=pd.DataFrame(iris_dataset.data,columns=
['SpealLength','Spealwidth','Petalwidth','PetalLength'])
```

（4）创建学生成绩 Excel 表格，如图 3-20 所示。

	姓名	语文	数学	英语	政治
1					
2	李一	65	63	67	71
3	贾二	78	80	76	63
4	张三	89	85	80	84
5	牛四	66	64	71	76
6	王五	84	45	90	86
7	于七	79	80	75	69
8	老八	69	77	81	84
9	丁九	42	72	55	61
10	陈十	91	86	93	89

图 3-20　学生成绩 Excel 表格

用 Pandas 读取数据，使用 Matplotlib 绘图工具定义画布为 2 行 2 列，用 4 个子图分别绘制出各门课程每个人成绩的条形图。

## 第 4 章

大数据采集技术

本章讲解大数据采集技术，结合实例让读者掌握大数据采集常用的 Requests 库，以及利用 Xpath 表达式和 Lxml 库进行网页解析。本章的重点内容有：

➢ Requests 库
➢ XPath 与 Lxml
➢ 网页采集
➢ 分页采集

4.1　网络爬虫概述

如何高效地获取互联网中的海量数据，是大数据时代面临的重要问题。比如买房，需要掌握各个区域的小区、房型、面积、价格等详细信息，然后进行分析。这些信息如何获取，就是爬虫要做的事情。

Requests 是用 Python 语言编写的 HTTP 库。Anaconda 环境中包含了该库，通过命令 import requests 直接导入该库，然后使用 requests.get() 或 requests.post() 方法即可向服务器发送 HTTP 请求，连接网络资源。连接网络资源是网络爬虫的第一步，如访问百度网站，连接百度资源服务器的代码及注释如下：

```
import requests
r=requests.get('https://www.baidu.com/')
r.encoding = 'utf-8'          # 设置编码方式
print(r.status_code)          # 打印请求状态码 200
print(r.text)                 # 打印网页文本
print(r.content)              # 打印二进制文本
```

4.2 Requests 基础

（1）Requests 中的参数传递

很多网站使用了反爬虫技术，服务器能自动识别客户端的请求是代码访问或浏览器访问。如果是代码访问，那么服务器将自动拒绝访问请求，因此需要在代码中伪装客户端浏览器。这时就需要在 get() 方法内添加 headers 参数，比如访问某网站，代码和注释如下：

```
import requests
url='https://www.douban.com/'
headers={
        'User-Agent': 'Mozilla/5.0(Windows NT 10.0;Win64;x64)
AppleWebKit/537.36(KHTML, likeGecko) Chrome/83.0.4103.106Safa
ri/537.36'
        }
r=requests.get(url)                         # 不加 headers 参数
print(r.status_code)                        #418 代表访问失败
r= requests.get(url, headers=headers)       # 加了 headers 参数
print(r.status_code)                        #200 代表访问成功
```

上述 headers 变量值，即为伪装客户端浏览器，这个值很长，自己输入比较麻烦，而且容易产生错误，可以从客户端浏览器中直接获取，具体方法如下：在浏览器页面上右击，选择"检查"，如图 4-1 所示，然后单击"network"选项卡，刷新页面，再单击左下角的任意一个链接，在右下角"Headers"中查找 User-Agent。

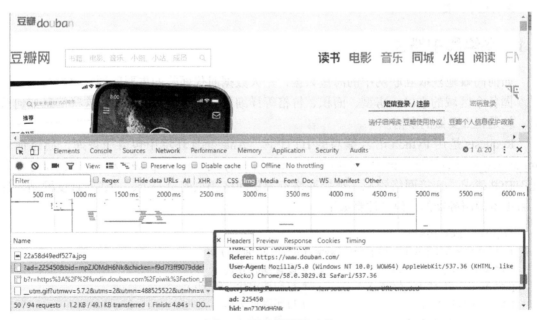

图 4-1　浏览器检测功能

在访问网络资源时，有时需要传入特定的关键词来查找指定资源，这时 params 参数就派上用场了，它接收一个字典类型。比如在豆瓣中查找关键词 python，带有 q 参数的访问

如图 4-2 所示。代码及注释如下：

```
import requests
url='https://www.douban.com/search'
headers={
        'User-Agent': 'Mozilla/5.0(Windows NT 10.0;Win64;x64)
AppleWebKit/537.36(KHTML, likeGecko) Chrome/83.0.4103.106Safa
ri/537.36'
        }
dict = {'q': 'python'}  #字典键码 q 对应网址的参数 q
r = requests.get(url, params=dict)
print(r.url)                #https://www.douban.com/search?q=python
print(r.status_code)    #200 代表访问成功
```

图 4-2　带有 q 参数的访问

在豆瓣类别书籍（cat=1001）中查找关键词 python，带有 cat 和 q 参数的访问如图 4-3 所示。

代码及注释如下：

```
dict={'cat':'1001','q':'python'}    #字典键码 cat、q 对应网址的参数 cat、q
r = requests.get(url, params=dict)
print(r.url)                #https://www.douban.com/search?cat=1001&q=python
print(r.status_code)  #200 代表访问成功
```

在豆瓣主页中使用用户名和密码登录，如图 4-4 所示。代码及注释如下：

```
dict={'username':'15951284752','password':'jsdxzdh'} #传递用户名和密码
```

```
r=requests.post(url,data=dict,headers=headers, timeout=3)
                                          # timeout 表示 3s 访问时间
print(r.status_code)                      # 200 代表访问成功
```

图 4-3　带有 cat 和 q 参数的访问

图 4-4　使用用户名和密码登录

有时需要通过代理访问服务器，可以用 proxies 参数设置代理。代码及注释如下：

```
proxies ={'http': 'http://10.1.10.12:81'}
r= requests.get(url,headers=headers,proxies=proxies)
print(r.status_code)  #200
```

（2）HTTP 状态码

status_code 属性表示状态码，状态码返回连接网络资源的状态，如 200 代表服务器正常响应，404 代表页面未找到，500 代表服务器内部发生错误。在爬虫中，可以根据状态码来判断服务器响应情况，如状态码为 200，则表示成功返回数据，可进行进一步的处理，否则需要检查原因。

状态码通常有以下几种情况：

2 开头代表请求成功，如 200。

3 开头代表重定向，history 地址变成了新的地址，如 301。

4 开头代表客户端错误，访问失败，如 418。

5 开头代表服务器端错误，访问失败，如 500。

4.3　XPath 与 Lxml

（1）XPath 与 Lxml 简介

XPath 是一种在 xml 文档中查找信息的语言，按照文档标签的嵌套关系（路径）遍历元素及其属性。语法如下：

//：开始匹配标签，绝对路径。

/：匹配标签，相对路径。

@：获取元素，如得到超级链接或图片。

Lxml 是一个网页文档解析库，Anaconda 环境中包含了该库，可以直接导入使用。下列代码中定义了文本 htm 为网页文档的内容，本节通过 Lxml 库的 etree 来进行解析。代码及注释如下：

```
import requests
from lxml import etree
htm = '''
  <html>
    <div>
      <ul>
        <li class="item-0"><a href="src/1.html">第一个项目 </a></li>
        <li class="item-1"><a href="src/2.html">第二个项目 </a></li>
        <li class="item-2"><a href="src/3.html">第三个项目 </a></li>
        <li class="item-1"><a href="src/4.html">第四个项目 </a></li>
        <li class="else-0"><a href="src/5.html">其他项目 </a></li>
        ul 里的文本
      </ul>
    </div>
  </html>
```

```
'''
selector = etree.HTML(htm)   # 将文本 htm 传入 etree 的 HTML 解析功能，返回选择器
all_li = selector.xpath('//div/ul/li')   # 选择器的 Xpath 对节点元素进行访问，
                                          # 返回列表
print(all_li)                   # 打印所有 li 元素的对象列表
```

上述代码得到所有 li 元素的对象列表，可以进一步对每一个列表对象进行遍历处理，提取里面的子元素。

如果要直接访问某个 li 元素，则可以通过下标来实现。代码及注释如下：

```
li_1 = selector.xpath('//div/ul/li[1]/a/text()')   # 访问第一个 li 元素，注
                                                    # 意下标从 1 开始
print(li_1)
```

返回第一个 li 元素中超级链接对象的文本列表：[' 第一个项目 ']。xpath() 返回的是列表类型，可以通过列表的下标得到列表元素文本，代码如下：

```
print(li_1[0])
```

返回上述列表中的元素值：第一个项目。

如果需要按标记符的属性值进行查找，可以使用 [@ 属性 =" 值 "] 形式。如在所有标记中查找属性 class 为 item-1 的超级链接文本，代码如下：

```
li_3 = selector.xpath('//*[@class="item-1"]/a/text()')
print(li_3)
```

返回 class 属性为 item-1 的元素中超级链接的文本列表：[' 第二个项目 ',' 第四个项目 ']。

要得到超级链接，可使用 @href。如得到所有 li 元素的超级链接的链接地址，代码如下：

```
link_1 = selector.xpath('//li/a/@href')
print(link_1)
```

得到所有 li 元素对象中超级链接的 href 值列表：['src/1.html', 'src/2.html', 'src/3.html', 'src/4.html', 'src/5.html']。

要得到超级链接的文本，可使用 text()。如得到所有 li 元素的超级链接文本，代码如下：

```
all_text=selector.xpath('//li/a/text()')
print(all_text)
```

得到所有 li 元素对象中超级链接的文本，返回列表：[' 第一个项目 ',' 第二个项目 ',' 第三个项目 ',' 第四个项目 ',' 其他项目 ']。

（2）XPath 嵌套

要得到所有 li 元素对象中超级链接的文本，并连接成字符串，可使用嵌套实现，代码如下：

```
all_text=''
all_li=selector.xpath('//div/ul/li ')
for c in all_li:
```

```
    all_text=all_text+c.xpath('a/text()')[0]+" "
print(all_text)
```

打印结果：第一个项目 第二个项目 第三个项目 第四个项目 其他项目

在上述文档中查找 <li> 标记 class 属性 item- 开头的所有链接文本，代码如下：

```
all_text=[]
all_li=selector.xpath('//li[starts-with(@class,"item-")]')
for c in all_li:
    all_text.append(c.xpath('a/text()')[0])
print(all_text)
```

得到所有 li 元素对象中 class 属性以 item- 开头的超级链接的文本，追加到列表中：[' 第一个项目 ',' 第二个项目 ',' 第三个项目 ',' 第四个项目 ']。

（3）提取 ul 里的所有文本

在上述文档中，提取标记符 ul 中的文本，代码如下：

```
all_text = selector.xpath('//ul/text()')
print(all_text)
```

提取 ul 里的文本，返回列表：

['\n   ', '\n   ', '\n   ', '\n   ', '\n   ', '\n   ul 里的文本 \n   ']

可以看出，ul 中的对象 li 元素被看成空行文本，并包含空格，去掉这些换行符和空格，代码如下：

```
all_clean=[]
for c in all_text:
    if c.strip():
        all_clean.append(c.strip())
print(all_clean)
```

strip() 去掉字符首尾换行符和空格，追加到列表中，得到 ['ul 里的文本 ']。

如果要得到 ul 中的所有字符串，则可用 string() 直接返回，代码如下：

```
all_text = selector.xpath('string(//ul)')
print(all_text)
```

返回的是一个包含空格和换行的字符串：

```
        第一个项目
        第二个项目
        第三个项目
        第四个项目
        其他项目
        ul 里的文本
```

对上述文本进行处理，将字符串首尾空格去掉，再用空格代替换行符，代码如下：

```
all_text = all_text.strip().replace('','').replace('\n','')
```

```
print(all_text)
```

得到文本"第一个项目 第二个项目 第三个项目 第四个项目 其他项目 ul 里的文本"。

4.4　网页采集

本节以百度网站主页为例，讲解网页采集技术，提取百度首页热点标题、链接和 logo 图片不做商业和其他用途。图 4-5 所示为 2021 年 7 月 26 日的百度首页显示内容，其中不涉及敏感词和企业或个人隐私。

图 4-5　百度首页

4.3 节讲解的 XPath 表达式是自己手动构造的。实际应用中，自己写 XPath 表达式可能比较难，而且容易出现错误，因此现有浏览器通常都自带生成 XPath 表达式的功能，用户复制即可。

在浏览器中右击，选择"检查"命令，在检查功能界面中完成 XPath 表达式的复制。方法如下：通过单击左上角的选择器按钮 ，在页面中定位内容，然后将鼠标指针定位到代码行，右击，在弹出菜单中选择 "Copy"→"Copy Xpath"命令，即可复制 XPath 表达式，如图 4-6 所示。

对标题信息、标题链接和 logo 图片进行采集，代码及注释如下：

```
import requests
from lxml import etree
headers={
    'User-Agent': 'Mozilla/5.0(Windows NT 10.0;Win64;x64)
AppleWebKit/537.36(KHTML, likeGecko) Chrome/83.0.4103.106Safa
ri/537.36'
```

图 4-6　复制 XPath 表达式

```
    }
url = 'https://www.baidu.com'
html = requests.get(url, headers=headers)
html.encoding = 'utf-8'
selector = etree.HTML(html.text)
num1 = selector.xpath('//*[@id="hotsearch-content-wrapper"]/li/a/
span[2]/text()')
#XPath 表达式通过自动复制生成，以下同
print(num1)
num2 = selector.xpath('//*[@id="hotsearch-content-wrapper"]/li/a/@
href')
print(num2)
num3 = selector.xpath('//*[@id="s_lg_img_new"]/@src')
# print(num3[0])
num3 = 'http:' + num3[0]          # 构造图片完整访问链接
print(num3)
t = requests.get(num3)            # 访问图片
with open('baidu.jpg', 'wb') as f: # 创建并打开文件 baidu.jpg，以二进制方式写入图片
    f.write(t.content)             #content 图片的二进制代码
```

4.5　分页采集

分页采集是爬虫的基本要求，网络资源分布在不同的页面，通过页码可以链接到不同的页面。如图 4-7 所示，网页截图时间为 2021 年 7 月 26 日，显示内容为某网站南京新楼盘列表，其中不涉及敏感词和企业或个人隐私，不做商业及其他用途，仅用作分页采集技术讲解。如需要对网站中南京所有新楼盘的名称、板块和均价的内容（共 37 个页面）进行采

集，就需要进行分页采集。

图 4-7 某网站南京新楼盘网页

代码及注释如下：

```
import requests
from lxml import etree
import csv
import time
headers={
    'User-Agent': 'Mozilla/5.0(Windows NT 10.0;Win64;x64)
AppleWebKit/537.36(KHTML, likeGecko) Chrome/83.0.4103.106Safa
ri/537.36'
    }
f = open('qfang.csv', 'a', encoding='utf-8')   #用追加方式创建并打开文件qfang.csv
f.write(' 名称，板块，均价 \n')                    #第一行写入标题名称、板块、均价
for x in range(1, 5):                          #这里以前4页为例，循环采集前4个页面
    url = 'https://nanjing.qfang.com/newhouse/list/n'
    url = url + str(x)                         #分析页面，发现页面的变化规律
    html = requests.get(url, headers=headers)
    time.sleep(1)
    selector = etree.HTML(html.text)
    xiaoqulist = selector.xpath('/html/body/div[4]/div/div[1]/div[4]/
ul/li')
    for xiaoqu in xiaoqulist:
        try:
            mc = xiaoqu.xpath('div[2]/div[1]/a/em/text()')[0]   #小区名称
            bk = xiaoqu.xpath('div[2]/div[2]/p[1]/text()')[0]   #小区板块
            jj = xiaoqu.xpath('div[3]/p[1]/span[1]/text()')[0]  #小区均价
        except:
```

```
    continue
temp = {
 'mingchen': mc,
 'bankuai': bk,
 'junjia': jj
}
try:
    f.write('{mingchen},{bankuai},{junjia}\n'.format(**temp))
except:
    print('写入错误！')
print('正在抓取：', mc)
```

4.6　练习

（1）分析豆瓣网站（www.douban.com）影评，爬取影评评论信息。

（2）分析京东网站，采集京东商品信息。

（3）以感兴趣的网站为采集对象，分析网站内容显示规律，并采集信息。

Chapter 5 第 5 章

大数据处理算法及应用

本章讲解大数据处理的常用算法，结合实例帮助读者掌握常用机器学习算法的基本理论和在 Python 中的应用。本章的重点内容有：

> 回归
> 决策树
> K 近邻
> 支持向量机
> 神经网络
> 朴素贝叶斯
> 聚类
> 关联规则
> PCA 降维
> 机器学习流程

5.1 回归

分类与预测是机器学习中有监督学习任务的代表。一般认为：要求估计连续型预测值时，是"回归"任务；要求判断因变量属于哪个类别时，是"分类"任务。

医生对病人进行诊断就是一个典型的分类过程。任何一个医生都无法直接看到病人的病情，只能通过观察病人表现出的症状和各种化验检测数据来推断病情，这时医生就好比一个分类器，而这个医生诊断的准确率，与他当初受到的教育方式（模型选择）、病人的症状是否突出（待分类数据的特性）以及医生的经验多少（训练样本数量）有密切关系。

回归分析（Regression Analysis）是确定两种或两种以上变量间相互依赖的定量关系的一种统计分析方法。它主要通过建立因变量 y 与影响它的自变量 $X_i(i=1,2,3,\cdots)$ 之间的回归模型，来预测因变量 y 的发展趋势。

回归分析的步骤：①根据预测目标，确定自变量和因变量；②绘制散点图，确定回归模型类型；③估计模型参数，建立回归模型；④对回归模型进行检验；⑤利用回归模型进行预测。

回归分析按照自变量的个数，分为一元回归和多元回归。逻辑回归属于一种特殊的回归分析，主要处理二分类问题，因此也称为二元回归分析。

（1）一元回归

一元回归模型为 $y=a+bX+e$，模型中：

y：因变量。

X：自变量。

a：常数项（回归直线在 y 轴上的截距）。

b：回归系数（回归直线的斜率）。

e：随机误差（随机因素对因变量所产生的影响）。

现有房产面积（square_feet）和销售价格（price）数据，部分如图 5-1 所示，数据保存在 input_data.csv 文件中，试建立一元回归模型，并进行价格预测。

1	square_feet,price
2	150,6450
3	200,7450
4	250,8450
5	300,9450
6	350,11450
7	400,15450
8	600,18450

图 5-1　input_data.csv 部分数据

1）加载数据，代码如下：

```
import pandas as pd
data = pd.read_csv('input_data.csv')
print(data.head())
```

结果显示：

```
    square_feet  price
0          150   6450
1          200   7450
2          250   8450
3          300   9450
4          350  11450
```

2）数据特征分析，代码如下：

```
import matplotlib.pyplot as plt
X=data[["square_feet"]]
y=data["price"]
fig,axes=plt.subplots(figsize=[3,3])
axes.scatter(X,y)
plt.show()
```

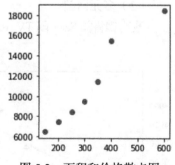

结果如图 5-2 所示，从散点图中可以看出，面积和价格之间存在高度的线性关系，可选择线性回归模型。

3）建立模型，代码及注释如下：

图 5-2　面积和价格散点图

```
from sklearn.linear_model import LinearRegression
linreg = LinearRegression()
model=linreg.fit(X, y)
```

```
print(linreg.intercept_)          # 打印截距
print(linreg.coef_)               # 打印变量系数
```

结果显示：

```
1771.80851064
[ 28.77659574]
```

4）模型评估，模型得分用效果评估系数 R 的平方来衡量，表示模型能解释因变量变化的百分比，R 的平方越接近于 1，表示回归模型拟合效果越好，代码如下：

```
print(model.score(X,y))
```

结果显示：

```
0.944668586036
```

结果说明模型拟合的效果非常好，可以用来预测。

5）拟合检验，可以通过画图比较预测结果和实际结果，代码如下：

```
plt.subplots(figsize=[6,3])
plt.scatter(X,y,color='blue')
plt.plot(X,linreg.predict(X),color='red',linewidth=2)
plt.show()
```

结果如图 5-3 所示。

6）预测，将需要预测的面积变量 700、800 传入模型，代码和注释如下：

```
y_pred = linreg.predict([[700], [800]])
                                    # 每一个输入 X 都是一个列表，对应一个 y 值
print(y_pred)
```

结果显示：

```
[21915.42553191   24793.08510638]
```

以上结果分别对应输入变量 700、800 的预测值。

（2）多元回归

现有销售额 Sales 随 TV、Radio、Newspaper 这 3 种广告投入的变化数据，部分数据如图 5-4

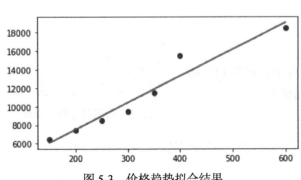

图 5-3　价格趋势拟合结果

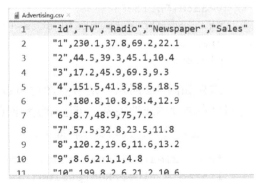

图 5-4　Advertising.csv 部分数据

所示，保存在 Advertising.csv 文件中，试建立多元回归模型，进行销售额预测。

1）加载数据，代码如下：

```
import pandas as pd
data = pd.read_csv('Advertising.csv')
print(data.head())
```

结果显示：

```
    id      TV      Radio    Newspaper    Sales
0    1    230.1     37.8        69.2       22.1
1    2     44.5     39.3        45.1       10.4
2    3     17.2     45.9        69.3        9.3
3    4    151.5     41.3        58.5       18.5
4    5    180.8     10.8        58.4       12.9
```

2）数据特征分析，代码如下：

```
import matplotlib.pyplot as plt
fig, axes = plt.subplots(1,3, figsize=(9, 3))
for n in range(3):
        axes[n].scatter(data.ix[:,n+1],data.ix[:,4])
plt.show()
```

结果如图 5-5 所示，从总体上看，随着自变量的增长，因变量也在增长，呈现一定的相关性。

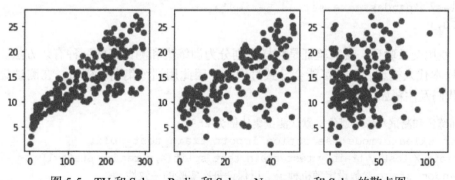

图 5-5　TV 和 Sales、Radio 和 Sales、Newspaper 和 Sales 的散点图

将 TV、Radio、Newspaper 作为 X 变量，代码及注释如下：

```
feature_cols = ['TV', 'Radio', 'Newspaper']      # 指定特征列表
X = data[feature_cols]                            # 提取特征列表数据
print(X.head())
```

结果显示：

```
      TV    Radio   Newspaper
0   230.1    37.8      69.2
1    44.5    39.3      45.1
```

```
2    17.2    45.9        69.3
3   151.5    41.3        58.5
4   180.8    10.8        58.4
```

查看 X 的类型，了解数据维度，代码及注释如下：

```
print(type(X))  #<class 'pandas.core.frame.DataFrame'>
print(X.shape)  #(200, 3),X 是 200 行 3 列的二维数组
```

将 Sales 作为 y 变量，代码及注释如下：

```
y = data['Sales']      # 等价于 y = data.Sales
print(y.head())
```

结果显示：

```
0    22.1
1    10.4
2     9.3
3    18.5
4    12.9
```

查看 y 的类型，了解数据维度，代码如下：

```
print(type(y))
print(y.shape)
```

y 实际上就是一维的 Series 数组，结果显示：

```
<class 'pandas.core.series.Series'>
(200,)
```

3）使用交叉验证，交叉验证是将样本划分为训练集和测试集的一种有效方法。如果将所有的样本代入模型，那么可能会导致过拟合，因此用训练集训练模型，在测试集中评估模型。代码及注释如下：

```
# 训练集和测试集样本划分，默认测试集比例为 25%
from sklearn.model_selection import train_test_split
X_train,X_test,y_train,y_test=train_test_split(X,y,random_state=1)
#random_state 参数设定随机种子，以保证每次实验的一致性
print(X_train.shape)
print(y_train.shape)
print(X_test.shape)
print(y_test.shape)
```

结果显示：

```
(150, 3)
(150,)
(50, 3)
(50,)
```

此时就完成了对所有样本的随机划分：150 个作为训练集，50 个作为测试集。

4）建立模型，将训练集数据代入线性回归模型进行拟合，代码如下：

```
from sklearn.linear_model import LinearRegression
linreg = LinearRegression()
model=linreg.fit(X_train, y_train)
print(model)
print(linreg.intercept_)
print(linreg.coef_)
```

打印结果显示：

```
LinearRegression(copy_X=True, fit_intercept=True, n_jobs=None,
normalize=False)
```

copy_X：是否复制原数据，若为 False，则表示用中心化、标准化后的新数据覆盖原数据。这里是 True，表示是原始数据。

fit_intercept：是否有截距。

n_jobs：默认值为 1，表示计算时使用的 CPU 核数。

normalize：数据是否标准化。

截距为 2.87696662232。

变量系数为 [0.04656457 0.17915812 0.00345046]。

5）模型评估，将训练集数据代入回归模型得到模型得分，即效果评估系数 R 的平方，代码如下：

```
print(model.score(X_train,y_train))  # 0.890307557756
```

打印结果显示，模型得分比较高，可进行预测。将测试集数据代入模型，将预测结果打印出来，代码如下：

```
y_pred = linreg.predict(X_test)
print(y_pred.round(2))
```

结果显示：

```
[ 21.71 16.41  7.61 17.81  18.61 23.84 16.32 13.43  9.17 17.33
  14.44  9.84 17.19 16.73  15.06 15.61 12.43 17.18 11.09 18.01
   9.28 12.98  8.8  10.42  11.38 14.98  9.79 19.4  18.18 17.13
  21.55 14.7  16.25  12.32 19.92 15.32  13.89 10.03 20.93  7.45
   3.65  7.22  6.   18.43   8.39 14.08  15.02 20.36 20.57 19.61]
```

将模型的预测结果和实际结果进行比较，代码如下：

```
plt.plot(range(len(y_pred)),y_pred,'-',label="predict")
                                          # 预测结果用实线表示
plt.plot(range(len(y_pred)),y_test,'--',label="test")
                                          # 实际结果用虚线表示
plt.legend(loc="upper right")             # 显示图中的标签
plt.xlabel("the number of sales")
plt.ylabel('value of sales')
```

```
plt.show()
```

结果如图 5-6 所示，从图形趋势看，预测数据和实际数据具有高度的一致性，说明模型在测试集上的表现性能比较好。

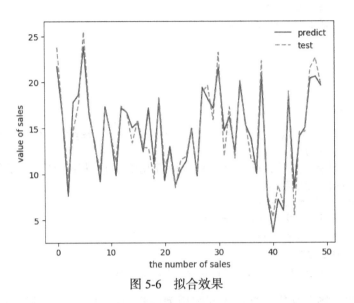

图 5-6 拟合效果

（3）逻辑回归

逻辑回归也被称为二元回归模型，即函数 $f(y) = \dfrac{e^y}{1+e^y}, y = a + b_i x_i, i = 1, \cdots, n$，它与线性回归模型的形式基本相同，都具有自变量 $a+bx$，其中 a 和 b 是待求参数，其区别在于它们的因变量不同，线性回归直接将 $a+bx$ 作为因变量，即 $y=a+bx$，对于每一个输入的 x，都有一个对应的 y 输出，模型的定义域和值域都可以是 $[-\infty, +\infty]$。而逻辑回归则通过函数 f 将 $a+bx$ 对应到一个隐状态 p，$p=f(a+bx)$，然后根据 p 与 $1-p$ 的大小决定因变量的值，输入可以是连续的 $[-\infty, +\infty]$，但输出一般是离散的，即只有两个输出值 $\{0,1\}$，逻辑回归模型示意图如图 5-7 所示。

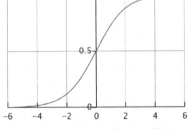

在很多机器学习任务中，特征并不总是连续值，也有可能是分类值，如 ["male", "female"]、["from Europe", "from US", "from Asia"]。

图 5-7 逻辑回归模型示意图

如果将上述特征用数字表示，那么效率会高很多，例如：

["male", "from US", "uses Internet Explorer"] 表示为 [0, 1, 3]。

["female", "from Asia", "uses Chrome"] 表示为 [1, 2, 1]。

但是，转换为数字表示后，并不能直接用在分类模型中。因为在分类模型中，往往默认数据是连续的，并且是有序的。但是，按照上面的表示，数字并不是有序的，而是随机分配的。

为了解决上述问题，其中一种可能的解决方法是采用独热编码（One-Hot Encoding）。独热编码即 One-Hot 编码，又称一位有效编码，其方法是使用 N 位状态寄存器来对 N 个状态进行编码，每个状态都有独立的寄存器位，并且在任意时候，其中只有一位有效。

例：现有大学录取数据，部分数据如图 5-8 所示，保存在 LogisticRegression.csv 文件中，大学录取结果 admit 与各个申请人的 gre 分数、gpa 分数以及学校排名 rank 相关，试根据样本数据建立学生录取的回归模型，进行有效预测。

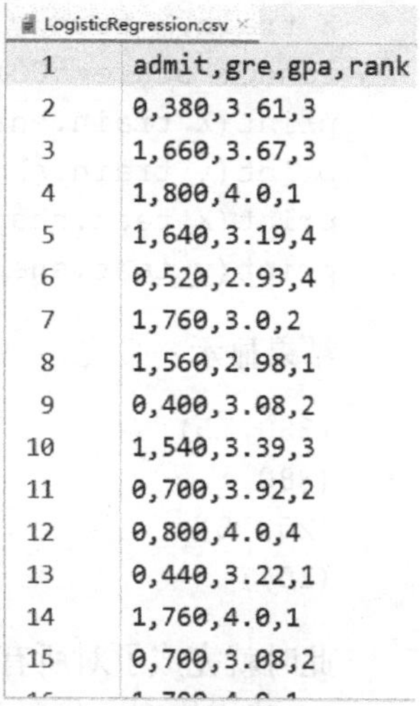

1）加载数据，代码如下：

```
import pandas as pd
data = pd.read_csv('LogisticRegression.csv')
print(data.head())
```

结果显示：

```
   admit  gre   gpa   rank
0    0    380  3.61    3
1    1    660  3.67    3
2    1    800  4.00    1
3    1    640  3.19    4
4    0    520  2.93    4
```

1	admit,gre,gpa,rank
2	0,380,3.61,3
3	1,660,3.67,3
4	1,800,4.0,1
5	1,640,3.19,4
6	0,520,2.93,4
7	1,760,3.0,2
8	1,560,2.98,1
9	0,400,3.08,2
10	1,540,3.39,3
11	0,700,3.92,2
12	0,800,4.0,4
13	0,440,3.22,1
14	1,760,4.0,1
15	0,700,3.08,2

图 5-8　LogisticRegression.csv 部分数据

数据集后 3 列可作为自变量，即 gpa、gre、rank 列。admit 是二分类目标变量，它表明考生最终是否被录用。

2）特征处理，rank 作为随机分配的类别变量，其数值大小本身和目标变量没有关系，因此需要将其进行独热编码，然后才能代入模型，代码如下：

```
data_dum = pd.get_dummies(data, prefix='rank', columns=['rank'], drop_
first=True)
print(data_dum.head())
```

结果显示：

```
   admit  gre   gpa    rank_2  rank_3  rank_4
0    0    380  3.61      0       1       0
1    1    660  3.67      0       1       0
2    1    800  4.00      0       0       0
3    1    640  3.19      0       0       1
4    0    520  2.93      0       0       1
```

将新的虚拟变量加入原始的数据集中后，就不再需要原来的 rank 列了。另外，生成 m 个虚拟变量后，只要引入 m-1 个虚拟变量到数据集中即可，未引入的虚拟变量作为基准对比，可将其删除，以降低特征变量个数。

3）使用交叉验证，代码如下：

```
from sklearn.model_selection import train_test_split
X = data_dum.ix[:,1:]
y= data_dum.ix[:,0]
```

```
X_train,X_test,y_train,y_test =train_test_split(X, y, test_size=0.05,
random_state=500)
print(X_train.shape)
print(y_train.shape)
print(X_test.shape)
print(y_test.shape)
```

结果显示：

```
(380, 5)
(380,)
(20, 5)
(20,)
```

此时就完成了对所有样本的随机划分：380 个作为训练集，20 个作为测试集。

4）建立模型，代码及注释如下：

```
from sklearn.linear_model import LogisticRegression
lr = LogisticRegression(solver='liblinear')        # 建立模型
lr.fit(X_train, y_train)                            # 用处理好的数据训练模型
print(lr.intercept_)
print(lr.coef_)
```

solver='liblinear' 是逻辑回归使用的核函数，对于小数据集 0-1 分类来说，"liblinear"是不错的选择，而"sag"和"saga"适用于大型数据集，可以处理多分类问题。

结果显示：

```
逻辑回归的截距为：[-1.92779375]
变量系数为：[[0.00205036 0.20231356 -0.51731398 -1.02777651 -1.27330549]]
```

此时即得到了逻辑回归模型。

5）模型评估，将模型应用到测试集上，输出模型得分，打印混淆矩阵的统计报告。代码如下：

```
print(' 逻辑回归的准确率为：%.2f'%(lr.score(X_test,y_test) *100))
from sklearn.metrics import classification_report
y_true, y_pred = y_test, lr.predict(X_test)
print(classification_report(y_true, y_pred))
```

结果显示：

```
逻辑回归的准确率为：85.00
```
预测的性能指标为：

	precision	recall	f1-score	support
0	0.84	1.00	0.91	16
1	1.00	0.25	0.40	4

从上述结果可以看出，该模型对于测试集样本数据，在目标变量 0 上具有较高的精确

率和召回率；而在目标变量 1 上虽然精确率达到了 100%，但召回率只有 25%，这与测试集样本数量有一定关系，这里的样本数据较少。

5.2　决策树

决策树是用样本的特征作为节点，用特征的取值作为分支条件形成的树形结构，在分类、预测、规则提取等领域有着广泛的应用。

如表 5-1 所示，统计了 10 个人的债务偿还信息。根据这些数据，可以构建图 5-9 所示的决策树，用来分析影响无法偿还债务的相关特征因素。

表 5-1　债务偿还信息

ID	拥有房产	婚姻情况	年收入（万元）	偿还债务
1	是	单身	125	可以偿还
2	否	已婚	100	可以偿还
3	否	单身	70	不可以偿还
4	是	已婚	120	可以偿还
5	否	离婚	95	不可以偿还
6	否	已婚	60	可以偿还
7	是	离婚	220	可以偿还
8	否	单身	85	不可以偿还
9	否	已婚	75	可以偿还
10	否	单身	90	不可以偿还

决策树的根节点是所有样本中信息量最大的属性。树的中间节点是以该节点为根的子树所包含的样本子集中信息量最大的属性。决策树的叶节点是样本的类别。决策树是一种知识表示形式，它是对所有样本数据的高度概括。决策树能准确地识别所有样本的类别，也能有效地对新样本的类别进行预测。

图 5-9　决策树示例

决策树对样本的划分主要根据样本的特征，使用基尼不纯度和信息熵计算各特征的大小，以进行分类。

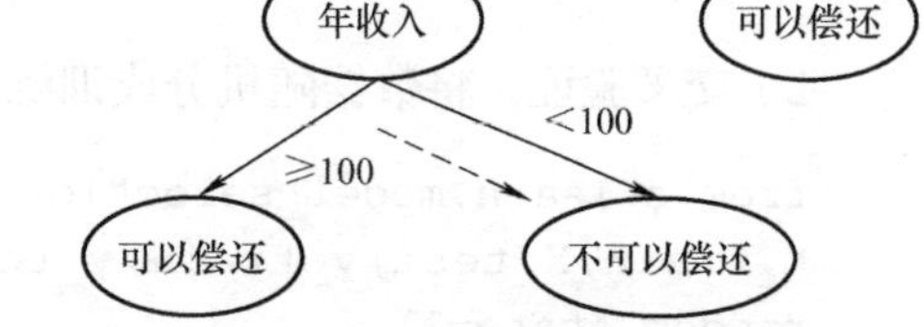

（1）基尼不纯度

基尼（Gini）不纯度是指从一个数据集中随机选取子项，度量其被错误划分到其他组里的概率。基尼不纯度可以作为衡量系统混乱程度的标准，基尼不纯度越小，集合的有序程度越高，分类的效果越好。一个特征的基尼不纯度越大，表明特征对样本不确定性的减少能力越强，这个特征也使得数据由不确定性到确定性的能力越强。决策树默认使用基尼不纯度进行分类。

例：建立若干个样本，特征变量有年龄 age、薪水 salary、是否是学生 isStudent、信用

credit 以及目标变量是否购买 isBuy，试用决策树分析特征变量对目标变量的影响。

1）构造样本数据，代码如下：

```
# 数据列分别代表 age、salary、isStudent、credit、isBuy
dataSet = [[1, 3, 0, 1, 'no'],
                 [1, 3, 0, 2, 'no'],
                 [2, 3, 0, 1, 'yes'],
                 [3, 2, 0, 1, 'yes'],
                 [3, 1, 1, 1, 'yes'],
                 [3, 1, 1, 2, 'no'],
                 [2, 1, 1, 2, 'yes'],
                 [1, 2, 0, 1, 'no'],
                 [1, 1, 1, 1, 'yes'],
                 [3, 2, 1, 1, 'yes'],
                 [1, 2, 1, 2, 'yes'],
                 [2, 2, 0, 2, 'yes'],
                 [2, 3, 0, 1, 'yes'],
                 [3, 2, 0, 2, 'no']]
FeatureSet=[]
Label=[]
for i in dataSet:
    FeatureSet.append(i[:-1])
    Label.append(i[-1])
print(FeatureSet)
print(Label)
```

结果显示：

特征集：[[1,3,0,1],[1,3,0,2],[2,3,0,1],[3,2,0,1],[3,1,1,1],[3,1,1,2],[2,1,1,2],[1,2,0,1],[1,1,1,1],[3,2,1,1],[1,2,1,2],[2,2,0,2],[2,3,0,1],[3,2,0,2]]

目标变量集：['no','no','yes','yes','yes','no','yes','no','yes','yes','yes','yes','yes','no']

2）交叉验证，将数据随机分成训练集和测试集，代码如下：

```
from sklearn.model_selection import train_test_split
X_train,X_test,y_train,y_test=train_test_split(FeatureSet, Label, random_state=1)
print(X_train)
print(y_train)
```

结果显示：

训练特征集：[[1,2,1,2],[3,1,1,1],[1,3,0,2],[2,3,0,1],[1,3,0,1],[3,2,0,2],[3,2,1,1],[1,1,1,1],[2,2,0,2],[3,1,1,2]]

目标变量集：['yes','yes','no','yes','no','no','yes','yes','yes','no']

打印测试集，代码如下：

```
print(X_test)
print(y_test)
```

结果显示：

测试特征集：[[3,2,0,1],[1,2,0,1],[2,1,1,2],[2,3,0,1]]，目标变量集：['yes', 'no','yes','yes']

基尼系数通过计算分割点创建的两个类别中数据类别的混杂程度来表现分割点的好坏。

一个完美的分割点对应的基尼系数为 0（即在一类中不会出现另一类的数据，每个类都是纯的），而最差的分割点的基尼系数则为 1.0（对于二分类问题，在一类中出现另一类数据的比例都为 50%，也就是数据完全没被区分开）。

3）将训练集数据代入模型，构建模型，代码及注释如下：

```
from sklearn.tree import DecisionTreeClassifier
clf=DecisionTreeClassifier(random_state=1)
# 默认基于基尼不纯度分类，基尼系数是一种评估数据集分割点优劣的成本函数
clf = clf.fit(X_train, y_train)
print(clf.feature_importances_)
```

结果显示：

每个特征属性的影响权重：[0.34722222 0.48611111 0. 0.16666667]

从中可以得出特征的重要性，是否是学生 isStudent 这个特征影响程度为 0，即对目标变量 isBuy 没有影响。

4）模型评估，将测试集数据代入模型进行预测，代码如下：

```
pre_labels=clf.predict(X_test)
print(pre_labels)
```

预测结果显示：

['yes''yes''yes''yes']

输出模型预测得分和混淆矩阵统计报告，代码如下：

```
print(' 决策树的准确率为：%.2f'%(clf.score(X_test, y_test) *100))
from sklearn.metrics import classification_report
print(classification_report(y_test, pre_labels))
```

结果显示：

决策树的准确率为：75.00
混淆矩阵统计报告：

	precision	recall	f1-score	support
no	0.00	0.00	0.00	1
yes	0.75	1.00	0.86	3

从报告中可以看出，该模型在测试集数据上的表现，可较好地用于对 yes 类别预测的精确率和召回率，而对 no 类别没有任何效果，当然评估结果与测试集样本的数量有关。

接下来，绘制决策树，需要用到 export_graphviz 和 graph_from_dot_data 这两个工具。导入代码如下：

```
from sklearn.tree import export_graphviz
from pydotplus import graph_from_dot_data
```

注意：Anaconda 不包括 graphviz 库和 pydotplus 库，需要使用 pip 命令在线安装，安装时要防止其他依赖包的升级，否则可能破坏现有环境兼容性，需要增加参数 --no-deps，后面遇到新增库也需要使用同样的方法。具体在 Pycharm 环境下的终端输入如下命令：

```
pip install pydotplus --no-deps
pip install graphviz --no-deps
```

本书使用的是 graphviz-2.38.zip，将 graphviz 包解压配置到 Windows 系统的 path 环境变量中，具体操作为：将其解压到 D:\graphviz 中，然后找到 Windows 系统的 path 环境变量，编辑并添加 D:\graphviz\bin 即可。

5）建立特征属性，将决策树模型写入文件中并导出，代码如下：

```
features_4=['age','salary','isStudent','credit']
dot_data=export_graphviz(clf,out_file=None,feature_names=features_4,filled=True,rounded=True)
graph=graph_from_dot_data(dot_data)
graph.write_png("tree_credit.png")
```

将生成的决策树 tree_credit.png 用 pyplot 绘制出来（此过程不是必需的，可以直接打开 tree_credit.png 文件显示），代码如下：

```
import matplotlib.pyplot as plt
img=plt.imread('tree_credit.png')
fig=plt.figure(figsize=(16,8))
plt.imshow(img)
plt.axis('off')
plt.show()
```

结果如图 5-10 所示。分析决策树可知，决定目标变量是否购买的主要影响因素为信用 credit、年龄 age 和薪水 salary。

（2）信息熵

一个特征的信息熵（Entropy）越大，表明特征对样本不确定性的减少能力越强，这个特征也使得数据由不确定性到确定性的能力越强。决策树默认使用基尼系数进行分类，也可以通过计算各个特征的信息熵进行分类。

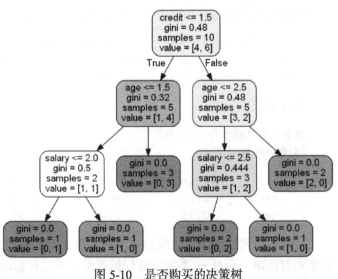

图 5-10 是否购买的决策树

例：有泰坦尼克号乘客的生存和死亡数据，数据保存在 titanic_data.csv 文件中，试用决策树信息熵分析生存和死亡的影响因素。

读取数据，代码如下：

```
import pandas as pd
from sklearn.tree import DecisionTreeClassifier as DTC
data = pd.read_csv('titanic_data.csv', encoding='utf-8')
print(data.head())
```

结果显示：

```
    Survived    PassengerId    Pclass    Sex      Age
0      0            1            3       male     22.0
1      1            2            1       female   38.0
2      1            3            3       female   26.0
3      1            4            1       female   35.0
4      0            5            3       male     35.0
```

对各个特征进行统计描述，data.describe() 默认按列统计，include='all' 表示选择所有特征列，以观察各个特征的统计描述、类型、是否有缺失值等，代码如下：

```
print(data.describe(include='all'))
```

结果显示：

```
         Survived      PassengerId      Pclass     Sex      Age
count    891.000000    891.000000      891.000000  891    714.000000
unique   NaN           NaN             NaN         2      NaN
top      NaN           NaN             NaN         male   NaN
freq     NaN           NaN             NaN         577    NaN
mean     0.383838      446.000000      2.308642    NaN    29.699118
std      0.486592      257.353842      0.836071    NaN    14.526497
min      0.000000      1.000000        1.000000    NaN    0.420000
25%      0.000000      223.500000      2.000000    NaN    20.125000
50%      0.000000      446.000000      3.000000    NaN    28.000000
75%      1.000000      668.500000      3.000000    NaN    38.000000
max      1.000000      891.000000      3.000000    NaN    80.000000
```

从上述特征可以看出，PassengerId 列不适合作为特征，需要剔除，代码如下：

```
data.drop(['PassengerId'], axis=1, inplace=True)
print(data.head())
```

结果显示：

```
    Survived    Pclass    Sex      Age
0      0          3       male     22.0
1      1          1       female   38.0
2      1          3       female   26.0
3      1          1       female   35.0
```

```
4          0          3          male          35.0
```

性别是类别标签，需要将其转换为数值，用 1 表示男，用 0 表示女；另外，年龄有 714 个值，存在缺失值，用平均数进行填充，代码如下：

```
data.loc[data['Sex'] == 'male', 'Sex'] = 1
data.loc[data['Sex'] == 'female', 'Sex'] = 0
data.fillna(int(data.Age.mean()), inplace=True)
print(data.head())
```

结果显示：

```
     Survived     Pclass     Sex     Age
0       0           3         1      22.0
1       1           1         0      38.0
2       1           3         0      26.0
3       1           1         0      35.0
4       0           3         1      35.0
```

再次对特征进行统计描述，代码如下：

```
print(data.describe())
```

结果显示：

```
         Survived       Pclass          Sex            Age
count    891.000000     891.000000      891.000000     891.000000
mean     0.383838       2.308642        0.647587       29.560236
std      0.486592       0.836071        0.477990       13.005010
min      0.000000       1.000000        0.000000       0.420000
25%      0.000000       2.000000        0.000000       22.000000
50%      0.000000       3.000000        1.000000       29.000000
75%      1.000000       3.000000        1.000000       35.000000
max      1.000000       3.000000        1.000000       80.000000
```

对处理后的数据进行自变量和因变量的提取，然后构建模型，打印评估报告。代码及注释如下：

```
X = data.iloc[:, 1:3]            # 为便于展示，未考虑年龄（最后一列）
y = data.iloc[:, 0]
dtc = DTC(criterion='entropy', random_state=1)
                                 # 基于信息熵分类
dtc.fit(X, y)                    # 训练模型
from sklearn.metrics import classification_report
print(classification_report(y, dtc.predict(X)))
```

结果显示：

```
            precision     recall     f1-score     support
0           0.75          0.98       0.85         549
1           0.95          0.47       0.63         342
```

　　从评估结果可以看出，模型在分类 0 上的召回率达到了 98%，性能很好，而精确率为
75%，性能一般；在分类 1 上的精确率较高，达到了 95%，而召回率性能较差，只有 47%。
　　导出决策树，代码如下：

```
from sklearn.tree import export_graphviz
from pydotplus import graph_from_dot_data
import graphviz
features_2=['Pclass','Sex']
dot_data=export_graphviz(dtc,out_file=None,feature_names=features_2,fil
led=True,rounded=True)
graph=graph_from_dot_data(dot_data)
graph.write_png("tree_survived.png")
```

　　结果如图 5-11 所示。分析决策树可知，决定目标变量是否生存的主要影响因素为性别
Sex 和舱位 Pclass。

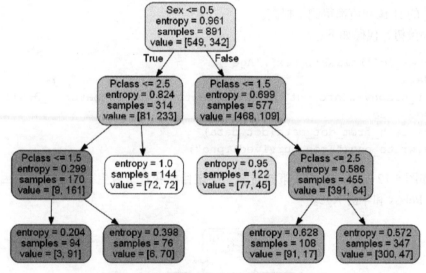

图 5-11　泰坦尼克号生存死亡决策树（1）

　　将年龄分组，分为非成年人和成年人两组，再进行决策树分析。代码如下：

```
data.loc[data['Age'] <18, 'Age'] = 0
data.loc[data['Age'] >=18, 'Age'] = 1
print(data.head())
```

　　结果显示：

```
    Survived    Pclass    Sex    Age
0      0          3        1     1.0
1      1          1        0     1.0
2      1          3        0     1.0
3      1          1        0     1.0
4      0          3        1     1.0
```

对处理后的数据进行自变量和因变量的提取，然后构建模型，打印评估报告。代码及注释如下：

```
X = data.iloc[:, 1:4]
y = data.iloc[:, 0]
dtc = DTC(criterion='entropy', random_state=1)    # 基于信息熵分类
dtc.fit(X, y)                                      # 训练模型
from sklearn.metrics import classification_report
print(classification_report(y, dtc.predict(X)))
```

结果显示：

```
            precision    recall    f1-score    support
    0          0.78        0.95       0.86        549
    1          0.88        0.56       0.69        342
```

从评估结果可以看出，增加了特征 Age，模型的预测在整体性能上得到了一定的提升，类别 0 和 1 的 f1 调和值都得到了提高。

导出决策树，代码如下：

```
features_3=['Pclass','Sex','Age']
dot_data=
export_graphviz(dtc,out_file=None,feature_names=features_3,filled=True,
rounded=True)
graph=graph_from_dot_data(dot_data)
graph.write_png("tree_survived1.png")
```

结果如图 5-12 所示。分析决策树可知，决定目标变量是否生存的主要影响因素为性别 Sex、舱位 Pclass 和年龄 Age。

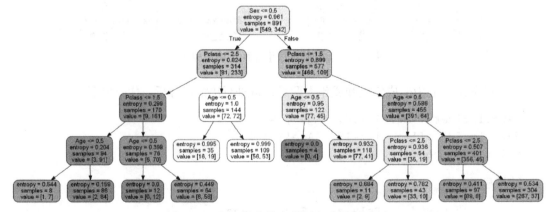

图 5-12   泰坦尼克号生存死亡决策树（2）

5.3   K 近邻

K 近邻算法也是机器学习中常用的分类算法之一，其基本思想是：一个样本在特定

空间中总会有 K 个相似（即特征空间中的最近邻）的样本，其中，大多数样本属于某一个类别，则该样本也属于这个类别。

如图 5-13 所示，五边形要被决定属于哪个类，是六边形还是五角星？如果 $K=3$，由于六边形所占的比例为 2/3，因此五边形将属于六边形那个类。如果 $K=6$，由于五角星所占的比例为 4/6，因此五边形属于五角星类。

（1）K 近邻分类

例：用机器学习库自带的数据包随机产生月亮形数据样本，建立 K 近邻分类模型。

首先生成数据，代码及注释如下：

图 5-13　K 近邻示意图

```
import sklearn.datasets
import matplotlib.pyplot as plt
X,y=sklearn.datasets.make_moons(200,noise=0.20,random_state=0)
print(X,y)
plt.scatter(X[:,0],X[:,1],s=40,c=y)    #s 设置点的大小 ,c 设置颜色
plt.show()
```

结果如图 5-14 所示。

数据标准化主要是对于不同特征不同数量级的数据进行标准化处理，以达到同一个数量级，数据大小反映的是相对次序，而跟数量级没有关系，如国民生产总值数据和人均收入数据不是一个数量级，这时就需要进行标准化处理，如果是同一个数量级，则可省略。正则化则是将每个样本缩放到单位范式，使数据分布在一个半径为 1 的圆或者球内，代码如下：

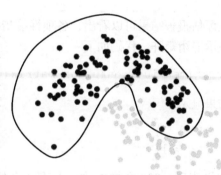

图 5-14　月亮形数据样本

```
from sklearn import preprocessing
normalized_X = preprocessing.normalize(X)
print(normalized_X[:5])
```

结果显示：

```
[[ 0.84800184  0.52999327]
 [ 0.93437866 -0.35628153]
 [-0.52733558  0.8496571 ]
 [-0.93950671 -0.34253049]
 [ 0.98980372 -0.14243804]]
```

特征选择，代码如下：

```
from sklearn.ensemble import RandomForestClassifier
clf = RandomForestClassifier(n_estimators=100)
clf.fit(X,y)
print(clf.feature_importances_)
```

结果显示：

```
[ 0.42443729  0.57556271]
```

构建模型，代码如下：

```
from sklearn.neighbors import KNeighborsClassifier
model = KNeighborsClassifier( n_neighbors=15)
model.fit(X, y)
```

模型评估，打印并统计分类报告，代码如下：

```
from sklearn import metrics
from sklearn.metrics import classification_report
y_true, y_pred = y, model.predict(X)
print(classification_report(y_true, y_pred))
```

结果显示：

```
             precision    recall   f1-score   support
         0       0.98      0.98       0.98        100
         1       0.98      0.98       0.98        100
```

从评估报告结果可以看出，各项性能指标都比较高，说明模型性能优秀。

显示混淆矩阵，代码如下：

```
print(metrics.confusion_matrix(y_true, y_pred))
```

结果显示：

```
[[98  2]
 [ 2 98]]
```

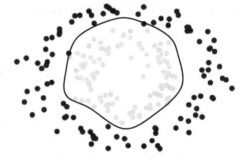

结果表明，200 个样本中，共有 4 个样本预测错误，准确率达到 98%。

除了可以产生月亮形数据外，还可产生圆形数据，如图 5-15 所示。用 K 近邻建立此样本的分类模型，并进行评估，数据产生代码如下：

图 5-15　圆形数据示意图

```
X1,y1=sklearn.datasets.make_circles(200,factor=0.5,noise=0.1,random_
   state=0)
plt.scatter(X1[:,0],X1[:,1],s=40,c=y)   #s 设置点的大小 ,c 设置颜色
plt.show()
```

（2）鸢尾花预测

鸢尾花是一种植物，需要通过花萼长度、花萼宽度、花瓣长度、花瓣宽度 4 个属性预测鸢尾花卉属于 Setosa（山鸢尾）、Versicolour（杂色鸢尾）、Virginica（维吉尼亚鸢尾）这 3 类中的哪一类，3 个类别分别对应数据集标签（0,1,2）中的一个。用该样本建立 K 近邻分类模型，并进行评估、预测。

数据来源于 Python 机器学习库中的自带数据集，加载数据的代码如下：

```
from sklearn.datasets import load_iris
iris_dataset=load_iris()
print(iris_dataset.data.shape)        #(150,4)
print(iris_dataset.target.shape)      #(150,)
print(iris_dataset['data'][:5])
```

显示前 5 行：

```
[[ 5.1  3.5  1.4  0.2]
 [ 4.9  3.   1.4  0.2]
 [ 4.7  3.2  1.3  0.2]
 [ 4.6  3.1  1.5  0.2]
 [ 5.   3.6  1.4  0.2]]
```

把数据集划分为训练集和测试集，代码如下：

```
from sklearn.model_selection import train_test_split
X_train,X_test,y_train,y_test=
train_test_split(iris_dataset['data'],iris_dataset['target'],test_
size=0.25,random_state=0)
```

建立 K 近邻分类器，用训练集数据进行训练，代码如下：

```
from sklearn.neighbors import KNeighborsClassifier
knn=KNeighborsClassifier(n_neighbors=1)
knn.fit(X_train,y_train)
```

将建立的分类器在测试集上进行评估，代码如下：

```
from sklearn import metrics
from sklearn.metrics import classification_report
y_true, y_pred = y_test, knn.predict(X_test)
print(classification_report(y_true, y_pred))
```

结果显示：

```
          precision    recall   f1-score   support
    0        1.00        1.00      1.00        13
    1        1.00        0.94      0.97        16
    2        0.90        1.00      0.95         9
```

从分类报告看出，模型在测试集上的性能较好，特别是类别 0 上的精确率和召回率，都达到了 100%。进一步输出混淆矩阵，代码如下：

```
print(metrics.confusion_matrix(y_true, y_pred))
```

结果显示：

```
[[13  0  0]
 [ 0 15  1]
 [ 0  0  9]]
```

从混淆矩阵中看出，有一例实际是 1 类被预测到了 2 类，产生错误，其他都预测正确。

假如在野外发现了一朵鸢尾花，花萼长 5cm、宽 2.9cm，花瓣长 1cm、宽 0.2cm，这朵鸢尾花属于哪个品种呢？将观察数据代入模型进行预测，代码如下：

```
y1=knn.predict([[5,2.9,1,0.2]])
print(y1)          #0
```

5.4 支持向量机

支持向量机（Support Vector Machine，SVM）主要用于解决模式识别领域中的数据分类问题，属于有监督学习算法的一种。如图 5-16 所示，分类器模型与边界点有关，这些边界点就称为支持向量，支持向量机就是利用这些支持向量找出最优分类器，使分类器到各类别支持向量的距离 (w,b) 尽可能最大。

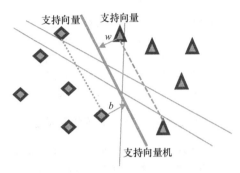

图 5-16 SVM 分类示意图

支持向量机与逻辑回归、决策树以及 K 近邻一样，可以处理线性分类问题；使用核函数可将数据从低维空间映射到高维空间，处理非线性问题。

以 Python 机器学习库中自带的月亮形数据集为例，讲解支持向量机模型的应用，并介绍超参数调优。

1）生成数据，代码如下：

```
import sklearn.datasets
import matplotlib.pyplot as plt
X,y=sklearn.datasets.make_moons(200,noise=0.20,random_state=0)
#print(X,y)
```

2）划分数据集，代码如下：

```
from sklearn.model_selection import train_test_split
X_train,X_test,y_train,y_test=train_test_split(X,y,test_
size=0.2,random_state=0)
```

3）构建模型，代码如下：

```
from sklearn import metrics
from sklearn.svm import SVC
model = SVC(gamma='auto')
model.fit(X_train, y_train)
```

参数 gamma 决定了数据映射到新的特征空间后的分布。gamma 越大，支持向量越少；gamma 值越小，支持向量越多。支持向量的个数影响训练与预测的速度。gamma 默认为样本特征数的倒数，即 gamma = 1 / n_features。

支持向量机使用不同的核函数会有不同的效果，默认 kernel='rbf'，常用的核函数有下列 4 种。

linear（线性函数）：适用于数据线性可分的情况，运算速度快，效果好，但是它不能处理线性不可分的数据。

poly（Polynomial，多项式函数）：可以将数据从低维空间映射到高维空间，但参数比较多，计算量大。

rbf（Radial Basis Function，径向基函数）：同样可以将样本映射到高维空间，但相比于多项式核函数来说所需的参数比较少，通常性能不错，是默认使用的核函数。

sigmoid（Sigmoid，S 函数）：经常用在神经网络的映射中，实现多层神经网络。

4）模型评估，代码如下：

```
print('SVC 的准确率为：%.2f'%(model.score(X_train, y_train) *100))
expected = y_test
predicted = model.predict(X_test)
# 评估模型
print(metrics.classification_report(expected, predicted))
print(metrics.confusion_matrix(expected, predicted))
```

训练集上的结果显示：

SVC 的准确率为：93.75%

在测试集上，评估统计报告和混淆矩阵显示：

	precision	recall	f1-score	support
0	0.95	0.91	0.93	22
1	0.89	0.94	0.92	18

```
[[20  2]
 [ 1 17]]
```

从上述报告可以看出，预测 0 类有一个样本错误，精确率为 95%，预测 1 类有两个样本错误，精确率为 89%。

5）超参数调优，可以通过模型的 get_params() 函数得到所有的超参数，代码如下：

```
print(model.get_params())
```

结果显示：

```
{'C': 1.0, 'cache_size': 200, 'class_weight': None, 'coef0': 0.0,
'decision_function_shape': 'ovr', 'degree': 3, 'gamma': 'auto',
'kernel': 'rbf', 'max_iter': -1, 'probability': False, 'random_state':
None, 'shrinking': True, 'tol': 0.001, 'verbose': False}。
```

其中，C 是惩罚系数，即对误差的宽容度。C 越高，说明越不能容忍出现误差，容易过拟合；C 越小，模型越容易欠拟合。

将备选参数定义为字典，传入 GridSearchCV 进行 KFold 交叉验证，得出各个参数的平均性能指标和排序，从而选择最优参数，代码如下：

```
param_grid = {'C': [0.1,1,10,100]}
import pandas as pd
```

```
from sklearn.model_selection import train_test_split, KFold,
GridSearchCV
kf = KFold(n_splits=3, shuffle=True, random_state=123)
gs = GridSearchCV(model, param_grid, 'accuracy', cv = kf, return_
train_score=True)
gs.fit(X_train, y_train)
cv_results = pd.DataFrame(gs.cv_results_)
print(cv_results[['param_C','mean_score_time','mean_test_
score','rank_test_score']])
```

结果显示:

	param_C	mean_score_time	mean_test_score	rank_test_score
0	0.1	0.000666	0.8250	4
1	1	0.000501	0.9250	2
2	10	0.000834	0.9375	1
3	100	0.000501	0.9250	2

也可直接打印最优估计参数,代码如下:

```
print(gs.best_estimator_)
```

结果显示:

```
SVC(C=10, cache_size=200, class_weight=None, coef0=0.0,decision_
function_shape='ovr', degree=3, gamma='auto', kernel='rbf',max_iter=-
1, probability=False, random_state=None, shrinking=True, tol=0.001,
verbose=False)
```

6)构建模型,用最优超参数进行样本训练,代码如下:

```
model=gs.best_estimator_
model.fit(X_train, y_train)
```

7)结果评估,代码如下:

```
print('SVC的准确率为: %.2f'%(model.score(X_train, y_train)*100))
expected = y_test
predicted = model.predict(X_test)
# 评估模型
print(metrics.classification_report(expected, predicted))
print(metrics.confusion_matrix(expected, predicted))
```

训练集上的结果显示:

SVC的准确率为: 95.00%

在测试集上,评估统计报告和混淆矩阵显示:

	precision	recall	f1-score	support
0	1.00	0.95	0.98	22
1	0.95	1.00	0.97	18

```
[[21  1]
[ 0 18]]
```

从上述报告可以看出，在测试集上，预测 0 类全部正确，预测 1 类有一个样本错误，精确率提高到 95%，性能优于调参前的模型性能。

5.5 神经网络

神经网络是一门重要的机器学习技术，它是深度学习的基础。这里以 Python 机器学习库自带的月亮形数据集为例，介绍 MLP 神经网络和 BP 神经网络的应用。对神经网络的原理理解，可通过网站 http://playground.tensorflow.org，了解神经网络的执行过程，这里重点介绍如何应用。

1）加载数据，代码如下：

```
import sklearn.datasets
import matplotlib.pyplot as plt
X, y = sklearn.datasets.make_moons(200, noise=0.20,random_state=0)
```

2）使用逻辑回归，并评估模型的性能，代码如下：

```
from sklearn.model_selection import train_test_split
X_train,X_test,y_train,y_test=train_test_split(X,y,test_
size=0.2,random_state=1)
from sklearn.linear_model import LogisticRegression
clf = LogisticRegression(solver='lbfgs')        # 建立 LR 模型
clf.fit(X_train, y_train)
print(' 逻辑回归的准确率为：%.2f'%(clf.score(X_train, y_train) *100))
from sklearn.metrics import classification_report
y_true, y_pred = y_test, clf.predict(X_test)
print(classification_report(y_true, y_pred))
```

训练集上的结果显示：

逻辑回归的准确率为：83.75%

统计分类报告结果显示：

```
           precision    recall   f1-score   support
0             0.86        0.86      0.86        22
1             0.83        0.83      0.83        18
```

从统计分类报告来看，类别 0 和 1 上的预测性能指标都比较低，下面使用神经网络来进行分析。神经网络分为前向多层感知器神经网络和带有反馈的 BP 神经网络。

（1）MLP 神经网络

这里搭建由一个输入层、一个隐藏层、一个输出层组成的 3 层神经网络，如图 5-17 所示。输入层中的节点数由数据的维度来决定，也就是两个。相应的，输出层的节点数则是由类别的数量来决定，也是两个。

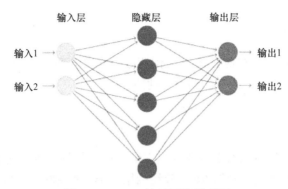

图 5-17　MLP 神经网络示意图

导入 MLP 神经网络，并建立初始模型，代码如下：

```
from sklearn.neural_network import MLPClassifier
                                          # MLP (Multi-layer Perceptron)
clf = MLPClassifier(solver='lbfgs',hidden_layer_sizes=(3), random_
state=0)
```

solver 表示 MLP 的求解方法有 3 种：lbfgs 在小数据上表现较好；Adam 较为鲁棒；SGD 在参数调整较优时会有最佳表现。

hidden_layer_sizes=(3) 表示 hidden_layer 建立 3 个一层神经元，hidden_layer_sizes=(3,8) 表示建立两层分别为 3 和 8 的神经元。

用训练集样本进行模型训练，并评估模型的性能，代码如下：

```
clf.fit(X_train, y_train)
print(' 神经网络的准确率为：%.2f'%(clf.score(X_train, y_train) *100))
from sklearn.metrics import classification_report
y_true, y_pred = y_test, clf.predict(X_test)
print(classification_report(y_true, y_pred))
from sklearn import metrics
print(metrics.confusion_matrix(y_true, y_pred))
```

训练集上的结果显示：

神经网络的准确率为：88.12%

与之前的逻辑回归模型比较，神经网络的准确率提升了一些，但还需优化。
测试集上统计分类报告结果显示：

```
              precision    recall   f1-score    support
         0       0.90        0.86      0.88        22
         1       0.84        0.89      0.86        18
    [[19  3]
     [ 2 16]]
```

从上述报告可以看出，预测 0 类有两个样本错误，精确率为 90%，预测 1 类有 3 个样本错误，精确率为 84%，因此需要对超参数进行调优。

打印 clf 神经网络模型超参数，代码如下：

```
print(clf.get_params())
```

结果显示：

```
{'activation': 'relu', 'alpha': 0.0001, 'batch_size': 'auto',
'beta_1': 0.9, 'beta_2': 0.999, 'early_stopping': False, 'epsilon':
1e-08, 'hidden_layer_sizes': 3, 'learning_rate': 'constant',
'learning_rate_init': 0.001, 'max_iter': 200, 'momentum': 0.9, 'n_
iter_no_change': 10, 'nesterovs_momentum': True, 'power_t': 0.5,
'random_state': 1, 'shuffle': True, 'solver': 'lbfgs', 'tol': 0.0001,
'validation_fraction': 0.1, 'verbose': False, 'warm_start': False}。
```

其中，需要对 hidden_layer_sizes 隐藏层神经元个数进行调优，代码如下：

```
param_grid = {'hidden_layer_sizes':[3,5,10,12,15]}
import pandas as pd
from sklearn.model_selection import train_test_split, KFold,
GridSearchCV
kf = KFold(n_splits=3, shuffle=True, random_state=123)
gs= GridSearchCV(clf, param_grid, 'accuracy', cv = kf, return_train_
score=True)
gs.fit(X, y)
cv_results = pd.DataFrame(gs.cv_results_)
#print(cv_results)
print(gs.best_estimator_)
```

调优后，得到最优参数，结果显示最优隐藏层个数为 10：

```
MLPClassifier(activation='relu', alpha=0.0001, batch_size='auto',
beta_1=0.9,
     beta_2=0.999, early_stopping=False, epsilon=1e-08,
     hidden_layer_sizes=10, learning_rate='constant',
     learning_rate_init=0.001, max_iter=200, momentum=0.9,
     n_iter_no_change=10, nesterovs_momentum=True, power_t=0.5,
     random_state=1, shuffle=True, solver='lbfgs', tol=0.0001,
     validation_fraction=0.1, verbose=False, warm_start=False)
```

用最优超参数进行样本训练，并评估模型性能，代码如下：

```
clf=gs.best_estimator_
clf.fit(X_train, y_train)
print(' 神经网络的准确率为 :%.2f'%(clf.score(X_train, y_train) *100))
from sklearn.metrics import classification_report
y_true, y_pred = y_test, clf.predict(X_test)
print(classification_report(y_true, y_pred))
```

结果显示：

神经网络的准确率为：96.88%

在训练集上，准确率得到了很大的提升。
在测试集上，评估统计报告结果显示：

```
        precision    recall    f1-score    support
0          1.00        1.00       1.00        22
1          1.00        1.00       1.00        18
```

从报告中可以看出，该模型在测试集上预测的准确率达到了100%。进一步打印混淆矩阵，代码如下：

```
from sklearn import metrics
print(metrics.confusion_matrix(y_true, y_pred))
```

结果显示：

```
[[22  0]
 [ 0 18]]
```

模型可用来进行预测，将预测变量代入模型得到预测结果，代码如下：

```
X1=[[1.445,0.344]]
print(clf.predict(X1))    #[1]
```

（2）BP神经网络

BP（Back Propagation）神经网络包括正向传递和反向误差反馈，在实际中应用更加广泛。同样以机器学习库中的月亮形数据为例来讲解。代码如下：

```
import sklearn.datasets
X, y = sklearn.datasets.make_moons(200, noise=0.20,random_state=0)
from sklearn.model_selection import train_test_split
X_train,X_test,y_train,y_test=train_test_split(X,y,test_
size=0.2,random_state=0)
from sklearn import linear_model, metrics
from sklearn.neural_network import BernoulliRBM
rbm=BernoulliRBM(
n_components=3,learning_rate=0.1,batch_size=10, n_iter=10, random_
state=9)
rbm.fit(X, y)
from sklearn.metrics import classification_report
y_true, y_pred = y, rbm.predict(X)
print(classification_report(y_true, y_pred))
```

运行该程序，将会输出下列错误：

```
-----------------------------------------------------------------
AttributeError                        Traceback (most recent call last)
<ipython-input-33-21a5b0fdbb0b> in <module>()
      1 from sklearn.metrics import classification_report
```

```
----> 2 y_true, y_pred = y, rbm.predict(X)
        3 print(classification_report(y_true, y_pred))
```

AttributeError: 'BernoulliRBM' object has no attribute 'predict'

说明该模型没有 predict() 这个方法，因此不能使用该方法进行评估模型。

通过 Pipeline() 建立管道，将 BP 神经网络和逻辑回归模型相结合，就可以进行预测了。代码如下：

```
from sklearn import linear_model, metrics
from sklearn.neural_network import BernoulliRBM
from sklearn.pipeline import Pipeline
logistic = linear_model.LogisticRegression(solver='lbfgs',max_
iter=3000)
rbm = BernoulliRBM(random_state=0, verbose=True)
classifier = Pipeline(steps=[('rbm', rbm), ('logistic', logistic)])
rbm.learning_rate = 0.08
rbm.n_iter = 50
#n_components 值越大，性能越好，但计算量也越大
rbm.n_components = 200
logistic.C =50000
classifier.fit(X_train, y_train)
print('BP 神经网络的准确率为:%.2f'%(classifier.score(X_train, y_train)
*100))
print("Logistic regression using RBM features:\n%s\n" %
(metrics.classification_report(y_test,classifier.predict(X_test))))
print(metrics.confusion_matrix(y_test, classifier.predict(X_test)))
```

训练集上的结果显示：

BP 神经网络的准确率为：95.62%

在测试集上，评估统计报告和混淆矩阵结果显示：

```
Logistic regression using RBM features:
      precision      recall      f1-score      support
0       1.00         1.00         1.00           22
1       1.00         1.00         1.00           18
[[22  0]
 [ 0 18]]
```

从报告中可以看出，无须进行超参数调优，该模型在测试集上预测的准确率达到了 100%。

5.6　朴素贝叶斯

贝叶斯定理解决了现实生活里经常遇到的问题：已知某条件概率，如何得到两个事件交换后的概率，也就是在已知 $P(A|B)$ 的情况下如何求得 $P(B|A)$。

$P(A|B)$ 表示事件 B 已经发生的前提下事件 A 发生的概率，称为事件 B 发生下事件 A 的条件概率，其基本求解公式为 $P(A|B) = \dfrac{P(AB)}{P(B)}$。

贝叶斯定理之所以有用，是因为在生活中经常遇到这种情况：可以很容易直接得出 $P(A|B)$，但是却很难直接得出 $P(B|A)$，贝叶斯定理打通了已知 $P(A|B)$ 求 $P(B|A)$ 的道路：

$$P(B|A) = \frac{P(A|B)P(B)}{P(A)}$$

朴素贝叶斯的思想基础：对于给出的待分类项，求解在此项出现的条件下各个类别出现的概率，哪个概率最大，就认为此待分类项属于哪个类别。

利用朴素贝叶斯进行分类的步骤如下：

1）设 $x = \{a_1, a_2, \cdots, a_m\}$ 为一个待分类项，$a_i(i = 1, \cdots m)$ 为 x 的特征属性。

2）设类别集合 $C = \{y_1, y_2, \cdots, y_n\}$。

3）计算 $P(y_1|x), P(y_2|x), \cdots, P(y_n|x)$。

4）如果 $P(y_k|x) = \max\{P(y_1|x), P(y_2|x), \cdots, P(y_n|x)\}$，则 $x \in y_k$。

核心步骤是计算 $P(y_1|x), P(y_2|x), \cdots, P(y_n|x)$。

同样以机器学习库自带的月亮形数据集为例，介绍朴素贝叶斯模型的应用。

1）生成数据，代码如下：

```
import sklearn.datasets
import matplotlib.pyplot as plt
X, y = sklearn.datasets.make_moons(200,noise=0.20,random_state=0)
```

2）划分样本，构建模型，代码如下：

```
from sklearn.model_selection import train_test_split
train_X,test_X,train_y,test_y= train_test_split(X,y,test_
size=0.20,random_state=1)
from sklearn.naive_bayes import GaussianNB
model = GaussianNB()
model.fit(train_X, train_y)
```

sklearn.naive_bayes 模块中提供了 3 种算法，BernoulliNB、MultinomialNB（适合离散型特征）、GaussianNB（适合连续型特征）。本例中的特征属于连续型，因此使用 GaussianNB。

3）结果评估，代码如下：

```
expected = test_y
predicted = model.predict(test_X)
print('byes的准确率为:%.2f'%(model.score(train_X, train_y) *100))
from sklearn import metrics
print(metrics.classification_report(expected, predicted))
print(metrics.confusion_matrix(expected, predicted))
```

训练集上的结果显示：

byes 的准确率为：85%

在测试集上，评估统计报告和混淆矩阵结果显示：

```
      precision    recall    f1-score    support
0       0.82        0.95       0.88        19
1       0.94        0.81       0.87        21
[[18  1]
 [ 4 17]]
```

从上述报告可以看出，在测试集上，预测 0 类有 4 个样本错误，精确率只有 82%，与其他模型应用相比较，准确率一般。

下面同样以鸢尾花预测为例来看朴素贝叶斯模型的应用，代码如下：

```
from sklearn.datasets import load_iris
iris_dataset=load_iris()
X=iris_dataset.data
y=iris_dataset.target
from sklearn.model_selection import train_test_split
train_X,test_X,train_y,test_y=train_test_split(X,y,test_
size=0.20,random_state=1)
from sklearn.naive_bayes import GaussianNB
model = GaussianNB()
model.fit(train_X, train_y)
expected = test_y
predicted = model.predict(test_X)
print(' 准确率为 :%.2f'%(model.score(train_X, train_y) *100))
from sklearn import metrics
print(metrics.classification_report(expected, predicted))
print(metrics.confusion_matrix(expected, predicted))
```

训练集上的结果显示：

准确率为：95.00%

在测试集上，统计分析报告和混淆矩阵显示：

```
      precision    recall    f1-score    support
0       1.00        1.00       1.00        11
1       1.00        0.92       0.96        13
2       0.86        1.00       0.92         6
[[11  0  0]
 [ 0 12  1]
 [ 0  0  6]]
```

从上述报告可以看出，有一个样本实际为 2 类，被预测为 3 类，其他预测全部正确。

5.7 聚类

机器学习中有两类问题：分类和聚类。分类是根据一些给定的已知类别标签的样本训练某种学习模型，使它能够对未知类别的样本进行分类，这属于监督学习。而聚类事先并不知道样本的类别标签，希望通过某种算法把一组未知类别的样本划分成若干类别，这在机器学习中被称作无监督学习。下面介绍几种聚类方法及其具体的应用。

（1）K-Means 聚类

K-Means 算法的基本思想是初始随机给定 K 个簇中心，按照最邻近原则把待分类样本点分到各个簇，然后按平均法重新计算各个簇的质心，从而确定新的簇心，一直迭代，直到簇心的移动距离小于某个给定的值。

这里以机器学习库自带的数据集为例，介绍聚类模型的具体应用。首先生成数据，代码如下：

```
import matplotlib.pyplot as plt
from sklearn.datasets.samples_generator import make_blobs
X, Y = make_blobs(n_samples=1000, n_features=2,
            centers=[[-1,-1], [0,0], [1,1], [2,2]],
            cluster_std=[0.4, 0.2, 0.2, 0.2],
            random_state =9)
plt.scatter(X[:,0], X[:,1],
marker='o')
plt.show()
```

X 为样本特征，Y 为样本簇类别，共 1000 个样本，每个样本有 4 个特征，共 4 个簇，簇中心在 [−1,−1]、[0,0]、[1,1]、[2,2]，簇方差分别为 [0.4, 0.2, 0.2, 0.2]。

图形显示如图 5-18 所示。

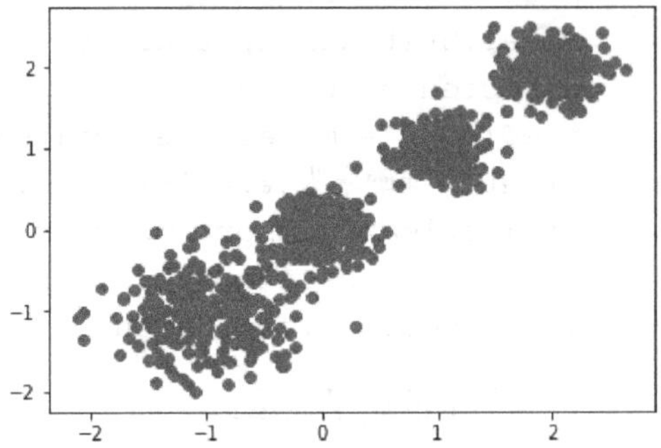

打印数据，代码如下：

```
print(X)
```

图 5-18 样本簇数据

结果显示：

```
[[ -8.41028464e-01   -3.36118553e-01]
 [ -1.78355178e-03    3.07827932e-01]
 [    8.28954868e-01    1.00510410e+00]
 ...
 [ -1.63916905e-01   -2.22806370e-01]
 [  2.29264700e+00    2.01264954e+00]
 [ -9.69725851e-01   -1.08219369e+00]]
```

对样本进行聚类，关键在于聚类数的确定，先设定聚类数 K 为 2，代码如下：

```
from sklearn.cluster import KMeans
y_pred = KMeans(n_clusters=2, random_state=9).fit_predict(X)
```

```
plt.scatter(X[:, 0], X[:, 1], c=y_pred)
plt.show()
```

结果如图 5-19 所示。

聚类效果通常采用统计指标 Calinski-Harabasz 分数来评估，代码及注释如下：

```
from sklearn import metrics
print(metrics.calinski_harabasz_score(X, y_pred))  #3116.17067633
```

类别内部数据的协方差越小越好，类别之间数据的协方差越大越好，这样的 Calinski-Harabasz 分数会越高，聚类效果越好。

再设定聚类数 *K* 为 3，代码如下：

```
from sklearn.cluster import KMeans
y_pred = KMeans(n_clusters=3, random_state=9).fit_predict(X)
plt.scatter(X[:,0], X[:,1], c=y_pred)
plt.show()
```

结果如图 5-20 所示。

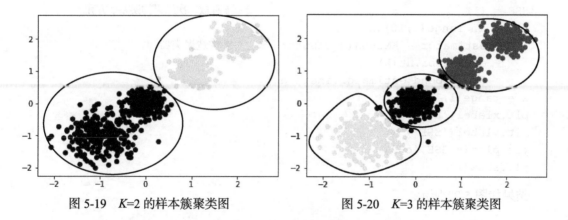

图 5-19　*K*=2 的样本簇聚类图　　　　　　　　图 5-20　*K*=3 的样本簇聚类图

打印统计指标 Calinski-Harabasz 分数，进行性能比较，代码如下：

```
print(metrics.calinski_harabasz_score(X, y_pred))  #2931.6250302
```

可见，*K*=3 的聚类分数比 *K*=2 时还低。

再设定聚类数 *K* 为 4，来看 Calinski-Harabasz 分数，代码如下：

```
from sklearn.cluster import KMeans
y_pred = KMeans(n_clusters=4, random_state=9).fit_predict(X)
plt.scatter(X[:,0], X[:,1], c=y_pred)
plt.show()
from sklearn import metrics
print(metrics.calinski_harabasz_score(X, y_pred))  #5924.05061348
```

结果如图 5-21 所示。Calinski-Harabasz 分数得到了明显的提升，即对于这个样本来说，聚类数设定为 4，要比 2 和 3 更佳。

K-Means 的关键在于确定最佳 K 值，通
常事先不知道聚类数，可以采用手肘法确定
最佳聚类数。手肘法的核心指标是误差平方
和（Sum of the Squared Erors，SSE）。随着聚
类数 K 的增大，样本划分会更加精细，每个
簇的聚合程度会逐渐提高，那么误差平方和
（SSE）自然会逐渐变小。并且，当 K 小于最
佳聚类数时，由于 K 的增大会大幅增加每个
簇的聚合程度，故 SSE 的下降幅度会很大，
而当 K 到达最佳聚类数时，再增加 K 所得到
的聚合程度回报会迅速变小，所以 SSE 的下

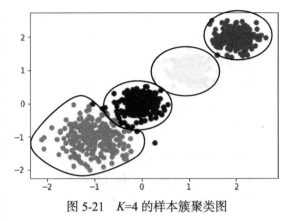

图 5-21　K=4 的样本簇聚类图

降幅度会骤减，然后随着 K 值的继续增大而趋于平缓，也就是说 SSE 和 K 的关系图是一个
手肘的形状，而这个肘部对应的 K 值就是数据的最佳聚类数。

利用手肘法确定最佳 K 值，代码如下：

```
from sklearn.cluster import KMeans
SSE = []                                        # 存放每次结果的误差平方和
for K in range(1,10):
    estimator = KMeans(n_clusters=K)    # 构造聚类器
    estimator.fit(X)
    SSE.append(estimator.inertia_)
x = range(1,10)
plt.xlabel('K')
plt.ylabel('SSE')
plt.plot(x,SSE,'o-')
plt.show()
```

结果如图 5-22 所示。

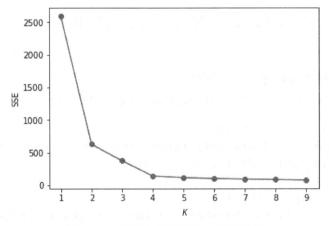

图 5-22　手肘法确定最佳 K 值的结果

可见 K=4 的聚类数刚好是手的肘部，增加聚类数，SSE 的下降幅度趋于平缓，说明增

加聚类数将失去意义。

（2）层次聚类

层次聚类是将各样品分成若干类的方法，其基本思想是：先将各样品各看成一类，然后规定类与类之间的距离，选择距离最小的一对合并成新的一类，计算新类与其他类之间的距离，再将距离最近的两类合并，这样每次减少一类，直至所有的样品合为一类为止。

同样以上面的数据集为例，应用层次聚类模型，代码如下：

```
from sklearn.cluster import AgglomerativeClustering
y_pred = AgglomerativeClustering(affinity='euclidean',
                          linkage='ward',n_clusters=4).fit_predict(X)
plt.scatter(X[:,0], X[:,1], c=y_pred)
plt.show()
```

结果如图 5-23 所示，自动聚成 4 类。

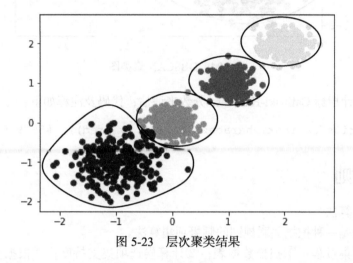

图 5-23　层次聚类结果

同样采用统计指标 Calinski-Harabasz 分数来评估，代码及注释如下：

```
print(metrics.calinski_harabasz_score(X, y_pred))   #5666.92902528
```

（3）基于密度的聚类

基于密度的聚类（Density-Based Spatial Clustering of Applications with Noise，DBSCAN），将簇定义为密度相连的点的最大集合，能够把具有足够高密度的区域划分为簇，并可在噪声的空间数据库中发现任意形状的聚类。所有的数据被分为 3 类点：

核心点：在半径 eps 内含有超过 min_samples 数目的点。

边界点：在半径 eps 内的点的数量小于 min_samples，但是落在核心点的邻域内，也就是说该点不是核心点，但是与其他核心点的距离小于 eps。

噪声点：既不是核心点也不是边界点的点，该类点的周围数据点非常少。

同样以上面的数据集为例，应用 DBSCAN 聚类模型，代码如下：

```
from sklearn.cluster import DBSCAN
y_pred =DBSCAN(eps=0.4,min_samples=110).fit_predict(X)
```

```
plt.scatter(X[:,0], X[:,1], c=y_pred)
plt.show()
```

结果如图 5-24 所示，自动聚成 4 类。

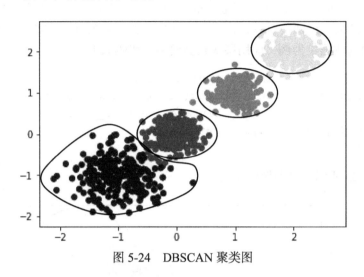

图 5-24   DBSCAN 聚类图

同样采用统计指标 Calinski-Harabasz 分数来评估，代码及注释如下：

```
print(metrics.calinski_harabaz_score(X, y_pred))    #5879.65178153
```

5.8   关联规则

（1）Apriori 算法

Apriori 算法是一种挖掘关联规则的频繁项集算法。

发现频繁项集过程：①扫描数据表；②计算候选项集支持度；③根据支持度阈值，比较产生频繁项集；④连接、剪枝；⑤重复步骤①～④，直到不能发现更大的频集。

下面介绍基本概念。对于 $A \rightarrow B$：

支持度：$P(A \cap B)$，既有 A 又有 B 的概率。

置信度：$P(B|A)$，在 A 发生的事件中同时发生 B 的概率 $P(AB)/P(A)$。

购物篮分析：牛奶 $\Rightarrow$ 面包。

例：[支持度：3%，置信度：40%]

支持度 3%：意味着 3% 的顾客同时购买牛奶和面包。

置信度 40%：意味着 40% 购买牛奶的顾客也购买面包。

如果事件 A 中包含 k 个元素，那么称这个事件 A 为 k 项集事件，A 满足最小支持度阈值的事件称为频繁 k 项集。

同时满足最小支持度阈值和最小置信度阈值的规则称为强规则。

模块 mlxtend.frequent_patterns 中包含 Apriori 算法和关联规则 association_rules，将其导入即可使用，导入命令：pip install mlxtend --no-deps，其中 Apriori 算法有 3 个参数：

第 1 个参数 df 表示输入的矩阵形式的交易数据框；

第 2 个参数 min_support 表示最小支持度阈值；

第 3 个参数 use_colnames 表示是否显示列名。

（2）应用实例

现有 10 条客户的消费订单，a、b、c、d、e 代表商品名称，如图 5-25 所示，数据保存在 menu_orders.xls 文件中。这里以此数据为例，挖掘商品之间的关联规则。

导入模块，读取数据，代码如下：

```
import pandas as pd
from matplotlib import pyplot as plt
from mlxtend.frequent_patterns import
apriori, association_rules
inputfile = 'menu_orders.xls'
data = pd.read_excel(inputfile, header = None)
print(data.head())
```

1	a	c	e	
2	b	d		
3	b	c		
4	a	b	c	d
5	a	b		
6	b	c		
7	a	b		
8	a	b	c	e
9	a	b	c	
10	a	c	e	

图 5-25　消费订单明细

结果显示：

```
     0    1    2      3
0    a    c    e    NaN
1    b    d    NaN  NaN
2    b    c    NaN  NaN
3    a    b    c      d
4    a    b    NaN  NaN
```

这是原始表格数据，要将其转换为 0-1 矩阵，将所有商品作为特征列，某记录中，购买了该商品设为 1，没有购买设为 0，代码及注释如下：

```
ct = lambda x : pd.Series(1, index = x[pd.notnull(x)])

# 转换 0-1 矩阵的过渡函数
b = map(ct, data.values) # 用 map() 方法执行
data = pd.DataFrame(list(b)).fillna(0) # 实现矩阵转换，空值用 0 填充
print(data)
```

结果显示：

```
     a    b    c    d    e
0  1.0  0.0  1.0  0.0  1.0
1  0.0  1.0  0.0  1.0  0.0
2  0.0  1.0  1.0  0.0  0.0
3  1.0  1.0  1.0  1.0  0.0
4  1.0  1.0  0.0  0.0  0.0
5  0.0  1.0  1.0  0.0  0.0
6  1.0  1.0  0.0  0.0  0.0
7  1.0  1.0  1.0  0.0  1.0
8  1.0  1.0  1.0  0.0  0.0
```

```
9    1.0  0.0  1.0  0.0  1.0
```

将生成后的矩阵代入 Apriori 算法，并设最小支持度为 0.2，代码如下：

```
frequent_itemsets = apriori(data, min_support=0.2, use_colnames=True)
print(frequent_itemsets.head(5))
```

打印 5 条频繁项集：

```
     support    itemsets
0      0.7       (a)
1      0.8       (b)
2      0.7       (c)
3      0.2       (d)
4      0.3       (e)
```

对于这些频繁项集，设最小置信度为 0.5，代码如下：

```
rules = association_rules(frequent_itemsets, metric="confidence", min_
threshold=0.5)
print(rules)
```

打印规则显示：

	antecedents	consequents	antecedent support	consequent support	support \
0	(a)	(b)	0.7	0.8	0.5
1	(b)	(a)	0.8	0.7	0.5
2	(a)	(c)	0.7	0.7	0.5
3	(c)	(a)	0.7	0.7	0.5
4	(e)	(a)	0.3	0.7	0.3
5	(b)	(c)	0.8	0.7	0.5
6	(c)	(b)	0.7	0.8	0.5
7	(d)	(b)	0.2	0.8	0.2
8	(e)	(c)	0.3	0.7	0.3
9	(a, b)	(c)	0.5	0.7	0.3
10	(a, c)	(b)	0.5	0.8	0.3
11	(b, c)	(a)	0.5	0.7	0.3
12	(e, a)	(c)	0.3	0.7	0.3
13	(e, c)	(a)	0.3	0.7	0.3
14	(a, c)	(e)	0.5	0.3	0.3
15	(e)	(a, c)	0.3	0.5	0.3

	confidence	lift	leverage	conviction
0	0.714286	0.892857	-0.06	0.700000
1	0.625000	0.892857	-0.06	0.800000
2	0.714286	1.020408	0.01	1.050000
3	0.714286	1.020408	0.01	1.050000
4	1.000000	1.428571	0.09	inf
5	0.625000	0.892857	-0.06	0.800000
6	0.714286	0.892857	-0.06	0.700000

7	1.000000	1.250000	0.04	inf
8	1.000000	1.428571	0.09	inf
9	0.600000	0.857143	-0.05	0.750000
10	0.600000	0.750000	-0.10	0.500000
11	0.600000	0.857143	-0.05	0.750000
12	1.000000	1.428571	0.09	inf
13	1.000000	1.428571	0.09	inf
14	0.600000	2.000000	0.15	1.750000
15	1.000000	2.000000	0.15	inf

其中各列含义解释如下：

antecedents：规则先导项。

consequents：规则后继项。

antecedent support：规则先导项支持度。

consequent support：规则后继项支持度。

support：规则支持度（先导项后继项并集的支持度）。

confidence：规则置信度（规则置信度：规则支持度 support/ 规则先导项）。

lift：规则提升度，表示在含有先导项的条件下同时含有后继项的概率与后继项总体发生的概率之比。

leverage：规则杠杆率，表示当先导项与后继项独立分布时，先导项与后继项一起出现的次数比预期多多少。

conviction：规则确信度，与提升度类似，但用差值表示。

调用规则对象的函数 sort_values() 将关联规则按置信度从大到小排序，代码如下：

```
print(rules.sort_values(by='confidence', axis=0, ascending=False).
head(10))
```

结果显示：

	antecedents	consequents	antecedent support	consequent support	support \
4	(e)	(a)	0.3	0.7	0.3
7	(d)	(b)	0.2	0.8	0.2
8	(e)	(c)	0.3	0.7	0.3
12	(e,a)	(c)	0.3	0.7	0.3
13	(e,c)	(a)	0.3	0.7	0.3
15	(e)	(a,c)	0.3	0.5	0.3
0	(a)	(b)	0.7	0.8	0.5
2	(a)	(c)	0.7	0.7	0.5
3	(c)	(a)	0.7	0.7	0.5
6	(c)	(b)	0.7	0.8	0.5

	confidence	lift	leverage	conviction
4	1.000000	1.428571	0.09	inf
7	1.000000	1.250000	0.04	inf
8	1.000000	1.428571	0.09	inf
12	1.000000	1.428571	0.09	inf

13	1.000000	1.428571	0.09	inf
15	1.000000	2.000000	0.15	inf
0	0.714286	0.892857	-0.06	0.700000
2	0.714286	1.020408	0.01	1.050000
3	0.714286	1.020408	0.01	1.050000
6	0.714286	0.892857	-0.06	0.700000

可以依据打印报告对商品做组合推荐，如（e、a）、（d、b）、（e、c）等。

5.9 PCA 降维

（1）主成分分析

主成分分析利用降维的思想，将多个变量转换为少数几个综合变量（即主成分），其中的每个主成分都是原始变量的线性组合，各主成分之间互不相关。这些主成分能够反映原始变量的绝大部分信息，且所含的信息互不重叠。它是一个线性变换，这个变换可把数据变换到一个新的坐标系中，使得任何数据投影的第一大方差在第一个坐标（称为第一主成分）上，第二大方差在第二个坐标（第二主成分）上，以此类推。

假设用 p 个变量 $X_1, X_2, \cdots, X_p$ 来描述研究对象，这 p 个变量构成 p 维随机向量 $\boldsymbol{X} = (X_1, X_2, \cdots, X_p)$，$n$ 个样本可构成 n 行 p 列的矩阵 $\boldsymbol{A}$。

求解主成分的过程如下：

第一步，求解得到矩阵 $\boldsymbol{A}$ 的协方差矩阵 $\boldsymbol{B}$；

第二步，求解协方差矩阵 $\boldsymbol{B}$ 的特征值和特征向量；

第三步，主成分个数选择，按照特征值从大到小的顺序进行排列，并累计方差贡献率确定主成分个数。

方差（Variance）用于衡量一组数据离散的程度。方差是各个样本与样本均值的差的平方和的均值，计算公式为 $S^2 = \dfrac{\sum_{i=1}^{n}(X_i - \bar{X})^2}{n-1}$。

协方差（Covariance）用于衡量两个变量的联合变化程度，也就是两个变量的线性相关性程度。如果两个变量的协方差为 0，则统计学上认为二者线性无关。变量 X 和 Y 的协方差计算公式为 $\mathrm{cov}(\boldsymbol{X}, \boldsymbol{Y}) = \dfrac{\sum_{i=1}^{n}(X_i - \bar{X})(Y_i - \bar{Y})}{n-1}$。

计算表 5-2 中数据的协方差矩阵、特征值和特征向量，并对原始数据进行正交变换。

表 5-2 数据表

X1	X2	X3
2	0	−1.4
2.2	0.2	−1.5
2.4	0.1	−1
1.9	0	−1.2

导入 numpy 包，构建矩阵，代码如下：

```
import numpy as np
X = [[2, 0, -1.4],
     [2.2, 0.2, -1.5],
     [2.4, 0.1, -1],
     [1.9, 0, -1.2]]
print(np.array(X))
```

结果显示：

```
[[ 2.    0.   -1.4]
 [ 2.2  0.2  -1.5]
 [ 2.4  0.1  -1. ]
 [ 1.9  0.   -1.2]]
```

生成协方差矩阵，代码如下：

```
cov=np.cov(np.array(X).T)
print(cov)
```

结果显示：

```
[[ 0.04916667  0.01416667  0.01916667]
 [ 0.01416667  0.00916667 -0.00583333]
 [ 0.01916667 -0.00583333  0.04916667]]
```

计算特征值和特征向量，代码如下：

```
w, v = np.linalg.eig(cov)
print(' 特征值：{0}\n 特征向量：{1}'.format(w,v))
```

结果显示：

```
特征值：[ 0.06896846  0.03692827  0.00160326]
特征向量：[[-0.72998323 -0.57467514  0.36996347]
 [-0.10708354 -0.43845355 -0.89235172]
 [-0.67502415  0.69101879 -0.25852549]]
```

利用特征向量对原始矩阵进行变换，代码如下：

```
arr1=np.array(X)
arr2=v.T
print(np.dot(arr1,arr2))
```

结果显示：

```
[[-1.97791532  1.03512533 -0.98811262]
 [-2.27584334  1.01525309 -0.95906114]
 [-2.17939073  0.59150587 -1.29243059]
 [-1.8309243   0.86736334 -0.9723153 ]]
```

（2）PCA 降维在图像识别中的应用

这里使用的数据集可通过 sklearn 进行下载。数据集包含 40 位人员的照片，每个人有
10 张照片。通过 fetch_olivetti_faces() 方法进行模拟，可以得到 64×64 列的数字。加载数据，代码如下：

```
import matplotlib.pyplot as plt
import numpy as np
from sklearn.datasets import fetch_olivetti_faces
faces = fetch_olivetti_faces()
X = faces.data
y = faces.target
print(X.shape)
```

X 数据显示有 400 行 4096 列：（400, 4096）。

由于数据集样本少（40），特征多（64×64），需要对数据进行降维后建立模型。通过
PCA 方法进行降维，获取数据还原率，如图 5-26 所示，选择 140 个主成分，可以保证还原
率大于 0.95。导入 PCA 进行主成分分析，代码及注释如下：

```
from sklearn.decomposition import PCA
candidate_components = range(10, 300, 30)
explained_ratios = []
for c in candidate_components:
    pca = PCA(n_components=c)
    X_pca = pca.fit_transform(X)
    explained_ratios.append(np.sum(pca.explained_variance_
    ratio_))
plt.rcParams['font.sans-serif']=['SimHei'] #用来正常显示中文标签
plt.figure(figsize=(8, 4))
plt.grid()
plt.plot(candidate_components, explained_ratios)
plt.xlabel(' 主成分个数 ')
plt.ylabel(' 成分的累积方差贡献率 ')
plt.title(' 成分 - 方差贡献率 ')
plt.yticks(np.arange(0.5, 1.05, .05))
plt.xticks(np.arange(0, 300, 20))
plt.show()
```

确定 140 个主成分，代入样本得到新的样本空间，代码如下：

```
pca = PCA(n_components=140)
X_pca = pca.fit_transform(X)
print(X_pca.shape)
```

结果显示新的样本空间为 400 行 140 列：(400, 140)，大大降低了原始数据的维度。将
新的样本数据进行训练集和测试集划分，选择支持向量机模型，分析超参数，代码如下：

```
from sklearn.model_selection import train_test_split
X_train, X_test, y_train, y_test = train_test_split(X_pca, y, test_
```

```
size=0.2, random_state=33)
from sklearn.svm import SVC
print(SVC().get_params())
```

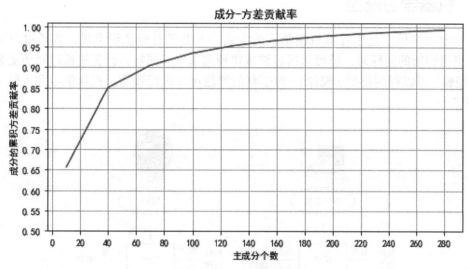

图 5-26　主成分贡献率

结果显示：

```
{'C': 1.0, 'cache_size': 200, 'class_weight': None, 'coef0': 0.0,
'decision_function_shape': 'ovr', 'degree': 3, 'gamma': 'auto_
deprecated', 'kernel': 'rbf', 'max_iter': -1, 'probability': False,
'random_state': None, 'shrinking': True, 'tol': 0.001, 'verbose':
False}。
```

C 为 SVC 的惩罚参数，默认值是 1.0。C 值越大，对误分类的惩罚越大，越趋向于对训练集全分对的情况，对训练集测试时准确率越高，但泛化能力弱。C 值越小，对误分类的惩罚越小，允许容错，但泛化能力较强。

gamma 为核函数的参数，默认是 'auto'，对应的值为 1/n_features。

对支持向量机模型中的 "C" 和 "gamma" 两个超参数进行调优，代码如下：

```
param_grid = {'C': [1, 5, 10, 50, 100], 'gamma': [0.0001, 0.0005,
0.001, 0.005, 0.01]}
from sklearn.model_selection import GridSearchCV
clf = GridSearchCV(SVC(kernel='rbf', class_weight='balanced'), param_
grid)
clf = clf.fit(X_train, y_train)
print(clf.best_params_, clf.best_score_)
```

结果显示最优超参数值为 {'C': 5, 'gamma': 0.005}，模型在训练集上的得分为 0.9375。
在测试集上对模型进行评估，代码如下：

```
print(clf.best_estimator_.score(X_test, y_test))
```

结果显示预测性能得分为 0.9875，在测试集上的表现较好。

5.10 机器学习流程

机器学习本质上是用计算机模拟人的大脑，人类凭经验认识世界，并通过归纳形成规律，当遇到新的问题时，就可以通过该规律预测未来。同样，计算机通过对历史数据的训练（经验）可以得到模型（规律），对于新的问题可以进行预测。机器学习和人脑对比如图 5-27 所示。

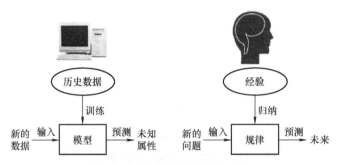

图 5-27　机器学习和人脑对比

用机器学习方法解决问题的总体思路如下。

明确目标，定义问题：明确要解决的问题。

收集数据：包括公开数据集、开放数据（如政府开放数据项目、各非营利性组织等提供的数据）、私有数据（企业、组织的内部数据）、互联网抓取的数据。

加载数据：用 pandas 读取。

数据探索：建模前，首先需要对数据变量名、数据分布以及缺失值等数据基本特征进行初步了解。

数据划分：将数据集随机划分为训练集和测试集，在训练集上训练以得到模型，在测试集上验证评估模型。

数据填充：主要是缺失值填充。

类别处理：将类别数据转换成数值数据。

特征选择：从数据集中选取若干代表性强或预测能力强的变量子集，使得机器学习模型训练更高效且性能良好。

建模和调优：创建模型、超参数调优、评估调优结果。

测试评估：在测试集上测试并评估模型。

本节案例基于某二手房中介房产信息，将数据保存在 sales.csv 文件中，部分数据如图 5-28 所示，包括区域（qy）、房型（fx）、面积（mj）、价格（jg）以及目标变量类别（lb），试为目标变量类别（lb）建立分类模型，并评估该模型的性能。

（1）加载数据

代码如下：

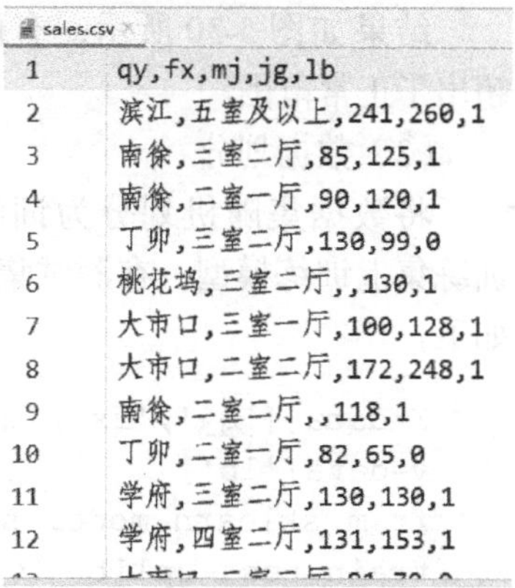

```
sales.csv
1	qy,fx,mj,jg,lb
2	滨江,五室及以上,241,260,1
3	南徐,三室二厅,85,125,1
4	南徐,二室一厅,90,120,1
5	丁卯,三室二厅,130,99,0
6	桃花坞,三室二厅,,130,1
7	大市口,三室一厅,100,128,1
8	大市口,二室二厅,172,248,1
9	南徐,二室二厅,,118,1
10	丁卯,二室一厅,82,65,0
11	学府,三室二厅,130,130,1
12	学府,四室二厅,131,153,1
```

图 5-28 sales.csv 文件部分数据

```
import pandas as pd
data = pd.read_csv('sales.csv',encoding =
'utf-8')
data.head(5)
```

结果显示：

```
      qy        fx        mj       jg    lb
0    滨江     五室及以上   241.0     260    1
1    南徐     三室二厅     85.0     125    1
2    南徐     二室一厅     90.0     120    1
3    丁卯     三室二厅    130.0      99    0
4   桃花坞    三室二厅      NaN     130    1
```

（2）数据探索

在建模前，首先要对数据变量名、数值分布和缺失值情况等数据基本特征进行初步了解，代码如下：

```
print(data.describe(include='all'))
print(data.shape)
```

结果显示：

```
          qy       fx           mj           jg          lb
count     79       79    73.000000    79.000000   79.000000
unique     7        7          NaN          NaN         NaN
top     大市口   二室一厅         NaN          NaN         NaN
freq      23       28          NaN          NaN         NaN
mean     NaN      NaN    92.684932    99.012658    0.594937
std      NaN      NaN    40.672772    49.717018    0.494041
min      NaN      NaN    31.000000    36.000000    0.000000
25%      NaN      NaN    61.000000    59.500000    0.000000
50%      NaN      NaN    88.000000    93.000000    1.000000
75%      NaN      NaN   114.000000   122.000000    1.000000
max      NaN      NaN   241.000000   300.000000    1.000000
(79, 5)
```

mj 变量存在缺失值，mj、jg 的差异性较大，qy、fx 为非数值型。

对 mj 的分布进行分析，删除缺失值后，画出条形图，代码如下：

```
import matplotlib.pyplot as plt
plt.hist(data['mj'].dropna(),bins=60)   #bins 设置直方图中条形的个数
plt.show()
```

结果如图 5-29 所示，可见房屋面积大部分集中在 50~100。

对 mj 异常值进行探索，删除缺失值后，画出箱线图，代码如下：

```
plt.boxplot(data['mj'].dropna())
plt.show()
```

结果如图 5-30 所示，有两个异常点，远远超出了正常范围。

（3）数据划分

将数据集随机划分为训练集和测试集，在训练集上训练模型，在测试集上评估模型，代码如下：

```
X=data[['qy','fx','mj','jg']]
y=data['lb']
from sklearn.model_selection import
train_test_split
train_X,test_X,train_y,test_y=train_
test_split(X,y,test_size=0.2,random_
state=1)
print(train_X.shape,train_y.shape)
print(test_X.shape,test_y.shape)
```

结果显示：

```
(63, 4) (63,)
(16, 4) (16,)
```

查看 mj 变量是否有 null 值，代码如下：

```
mj_train_na=pd.isnull(train_X['mj'])
mj_test_na=pd.isnull(test_X['mj'])
print(mj_train_na)
print(mj_test_na)
```

下列行存在空值：

```
38     False
2      False
21     False
70     False
3      False
…
```

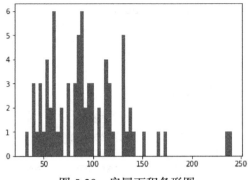

图 5-29 房屋面积条形图

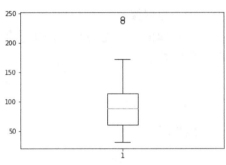

图 5-30 面积箱线图

将 DataFrame 类型数据转换成列表，并备份，以备数据处理后进行比较，代码如下：

```
train_X=train_X.values
test_X=test_X.values
train_X_copy=train_X.copy()
```

（4）数据填充

变量 mj 存在缺失值，需要对缺失值进行填充，首先导入填充器，并设定填充策略，代码如下：

```
from sklearn.preprocessing import Imputer
```

```
imp=Imputer(strategy='mean')
```

对于 strategy 的参数，mean 为均值填充，median 为中位数填充，most_frequent 为众数填充，默认为 mean。

对训练集数据面积（mj）列进行均值填充，代码如下：

```
imp.fit(train_X[:,[2]])
train_X[:,2]]=imp.transform(train_X[:,[2]])
print(train_X[:])
```

查看数据，原来有 null 值的面积都被均值填充了，结果显示：

```
[['学府' '二室一厅' 90.0 108]
 ['南徐' '二室一厅' 90.0 120]
 ['桃花坞' '二室一厅' 67.0 55]
 ['大市口' '二室一厅' 65.0 60]
 ['滨江' '二室一厅' 99.0 105]
 ['大市口' '三室二厅' 137.0 165]
  …
```

测试集数据面积（mj）为 null 值，也需要相同规则填充，先打印原始数据前 5 列，代码如下：

```
print(test_X[:5])
```

结果显示：

```
[['大市口' '三室一厅' nan 121]
 ['桃花坞' '二室一厅' 67.0 71]
 ['南徐' '二室一厅' 94.0 110]
 ['大市口' '一室一厅' 45.0 55]
 ['滨江' '二室一厅' 60.0 41]]
```

此时，第一行面积数据就是 null（nan），对第 3 列数据进行均值填充，代码如下：

```
test_X[:,[2]]=imp.transform(test_X[:,[2]])
print(test_X[:5])
```

结果显示：

```
[['大市口' '三室一厅' 95.45762711864407 121]
 ['桃花坞' '二室一厅' 67.0 71]
 ['南徐' '二室一厅' 94.0 110]
 ['大市口' '一室一厅' 45.0 55]
 ['滨江' '二室一厅' 60.0 41]]
```

（5）类别变量处理

机器学习模型多数只允许数值型变量，因此需要将类别变量转换为数值变量。导入类别编码，查看第 1 列和第 2 列数据，代码如下：

```
from sklearn.preprocessing import LabelEncoder
print(train_X[:5,0])
print(train_X[:5,1])
```

结果显示：

```
['学府' '南徐' '桃花坞' '大市口' '滨江']
['二室一厅' '二室一厅' '二室一厅' '二室一厅' '二室一厅']
```

这两列都是字符型数据，需要进行类别编码后才能使用，代码如下：

```
le_qy=LabelEncoder()
le_qy.fit(train_X[:,0])
train_X[:,0]=le_qy.transform(train_X[:,0])
le_fx=LabelEncoder()
le_fx.fit(train_X[:,1])
train_X[:,1]=le_fx.transform(train_X[:,1])
print(train_X[:5])
```

结果显示：

```
[[4 3 90.0 108]
 [2 3 90.0 120]
 [5 3 67.0 55]
 [3 3 65.0 60]
 [6 3 99.0 105]]
```

查看测试集数据，代码如下：

```
print(test_X[:5])
```

结果显示：

```
[['大市口' '三室一厅' 95.45762711864407 121]
 ['桃花坞' '二室一厅' 67.0 71]
 ['南徐' '二室一厅' 94.0 110]
 ['大市口' '一室一厅' 45.0 55]
 ['滨江' '二室一厅' 60.0 41]]
```

同样需要类别处理，代码如下：

```
test_X[:,0]=le_qy.transform(test_X[:,0])
test_X[:,1]=le_fx.transform(test_X[:,1])
print(test_X[:5])
```

结果显示：

```
[[3 1 95.45762711864407 121]
 [5 3 67.0 71]
 [2 3 94.0 110]
 [3 0 45.0 55]
```

```
[6 3 60.0 41]]
```

经过上述过程，完成了对训练集和测试集数据的预处理，可以进行模型选择训练了，但在实际研究过程中，特征变量可能有若干个，但并不是每一个变量都需要，若将变量全部代入模型，那么不仅会增加模型计算的复杂度，也会降低模型的精确度，因此接下来需要进行特征选择。

（6）特征选择

特征选择是指从数据集中选取若干代表性强或预测能力强的变量子集，使得机器学习模型训练更高效且性能良好。特征选择通常有以下几种方法。

1）图形观察法，建立各个特征变量和目标变量之间的散点关系，代码如下：

```
qy=train_X[:,0]
fx=train_X[:,1]
mj=train_X[:,2]
jg=train_X[:,3]
lb=train_y
fig,axes=plt.subplots(1,4,figsize=[12,3])
axes[0].scatter(qy,lb)
axes[1].scatter(fx,lb)
axes[2].scatter(mj,lb)
axes[3].scatter(jg,lb)
```

结果如图 5-31 所示，目标变量和特征变量之间存在着一定的关系，图形直观但缺少量化，很难看出特征变量的重要程度。

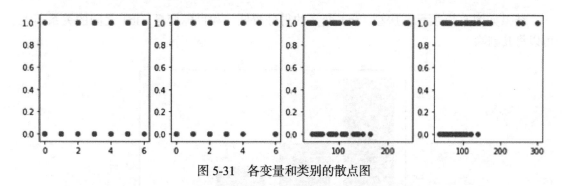

图 5-31　各变量和类别的散点图

2）方差分析统计方法，根据特征统计量卡方得分选择前 3 个特征，代码如下：

```
from sklearn.feature_selection import SelectKBest, chi2
skb=SelectKBest(chi2,k=3)
skb.fit(train_X,train_y)
train_X_3=skb.transform(train_X)
print(train_X_3[:5])
```

结果显示：

```
[[4 90.0 108]
```

```
[2 90.0 120]
[5 67.0 55]
[3 65.0 60]
[6 99.0 105]]
```

为了具体了解各个特征的卡方得分，需要排序输出，代码如下：

```
import numpy as np
features=['qy','fx','mj','jg']
scores=pd.DataFrame({'feature':np.array(features),'score':skb.
scores_})
scores.sort_values('score',ascending=False,inplace=True)
print(scores)
```

结果显示：

```
      feature        score
3        jg      251.269713
0        qy        6.196324
2        mj        1.671087
1        fx        0.028125
```

用条形图绘制出卡方得分，以进行更加直观的比较，代码如下：

```
plt.bar(np.arange(4),scores['score'],log=True)
plt.xticks(np.arange(4),scores['feature'],rotation=30)
plt.show()
```

结果如图 5-32 所示，房型（fx）变量的得分较低，和目标变量（lb）之间的关系不大，可以将其剔除。

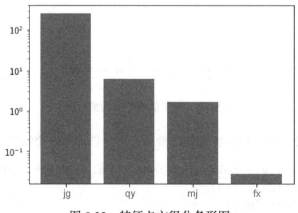

图 5-32　特征卡方得分条形图

3）机器学习方法，导入随机森林 RandomForestClassifier，通过算法对特征变量进行学习选择，代码及注释如下：

```
from sklearn.feature_selection import SelectFromModel
```

```
from sklearn.ensemble import RandomForestClassifier
clf=RandomForestClassifier()
sfm=SelectFromModel(clf,threshold=0.2)        # 设定阈值为 0.2
sfm.fit(train_X,train_y)
train_X_clf=sfm.transform(train_X)
print(train_X_clf[:5])
```

结果显示：

```
[[4 90.0 108]
 [2 90.0 120]
 [5 67.0 55]
 [3 65.0 60]
 [6 99.0 105]]
```

为了具体了解各个特征的重要程度得分，需要排序输出，代码如下：

```
scores=pd.DataFrame({'feature':np.array(features),
                     'score':sfm.estimator_.feature_importances_})
scores.sort_values('score',ascending=False,inplace=True)
print(scores)
```

结果显示：

```
   feature    score
3     jg     0.351563
2     mj     0.322356
0     qy     0.266154
1     fx     0.059927
```

用条形图绘制出重要程度得分，以进行更加直观的比较，代码如下：

```
plt.bar(np.arange(4),scores['score'],log=True)
plt.xticks(np.arange(4),scores['feature'],rotation=30)
plt.show()
```

结果如图 5-33 所示，同样得出房型（fx）变量的得分较低，和目标变量（lb）之间的关系不大，可以将其剔除。

（7）建模与调优

机器学习建模有多种任务，包括分类、回归和聚类等，每种任务又都有多种模型，如对于分类任务，有决策树、随机森林、支持向量机和人工神经网络等。

1）超参数：每一种模型都有一系列超参数，需要在训练模型前选择合适的参数。可以通过调用模型对象的函数 get_params() 得到超参数列表和每个超参数的默认值。对于具体问题，无法事先明确地知道哪一组超参数会取得最佳效果，因此需要做超参数调优以得到最佳的超参数组合。

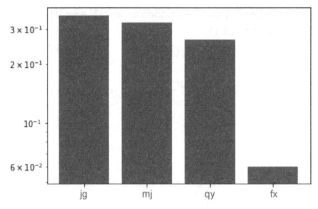

图 5-33   特征机器学习得分条形图

这里使用决策树模型，查看决策树模型的超参数，代码如下：

```
from sklearn.tree import DecisionTreeClassifier
clf=DecisionTreeClassifier(random_state=1)
print(clf.get_params())
```

结果显示：

{'class_weight': None, 'criterion': 'gini', 'max_depth': None, 'max_features': None, 'max_leaf_nodes': None, 'min_impurity_decrease': 0.0, 'min_impurity_split': None, 'min_samples_leaf': 1, 'min_samples_split': 2, 'min_weight_fraction_leaf': 0.0, 'presort': False, 'random_state': None, 'splitter': 'best'}。

注意：sklearn 0.18.1 版本中没有 min_impurity_decrease 这个参数。如果需要使用这个参数，则需要将 sklearn 的版本升级到 0.19.1。可使用以下命令进行升级：pip install --upgrade scikit-learn==0.19.1。

2）定义超参数搜索范围，param_grid 表示需要调优的超参数及尝试的数值。这里需要对 max_depth、min_impurity_decrease 两个超参数进行调优，代码如下：

```
param_grid={'max_depth':[3,4,5,6,7,8,9,10],'min_impurity_
decrease':[0.01,0.02,0.03]}
```

3）定义重采样策略，重采样是指将训练集进一步划分成训练集和验证集的方法，用 KFold 方法进行随机采样，代码如下：

```
from sklearn.model_selection import KFold
kf=KFold(n_splits=3,shuffle=True,random_state=123)
```

其中，n_splits 为划分子集个数，shuffle 为是否打乱顺序。

4）定义超参数调优算法，GridSearchCV() 为网格搜索，RandomizedSearchCV() 为随机搜索。

GridSearchCV() 中的参数：

参数 estimator 为所使用的分类器。

参数 param_grid 为字典或列表，即需要最优化的参数的取值。

参数 scoring 为性能指标，其中 accuracy 表示精度，roc_auc 表示 ROC 曲线面积，f1 表示 f1 分数，precision 表示查准率，recall 表示召回率。

参数 cv 为重采样策略。

导入网格搜索，传入调优参数，代码如下：

```
from sklearn.model_selection import GridSearchCV
gs=GridSearchCV(clf,param_grid,'accuracy',cv=kf)
```

5）执行超参数调优，代入训练数据，代码如下：

```
gs.fit(train_X_3,train_y)
cv_results=pd.DataFrame(gs.cv_results_)
```

使用网格搜索超参数调优器属性 cv_results_ 得到超参数调优结果，代码如下：

```
print(cv_results[['param_max_depth','param_min_impurity_
decrease','mean_test_score']])
```

结果显示：

	param_max_depth	param_min_impurity_decrease	mean_test_score
0	3	0.01	0.777778
1	3	0.02	0.777778
2	3	0.03	0.777778
3	4	0.01	0.746032
4	4	0.02	0.730159
...			
20	9	0.03	0.809524
21	10	0.01	0.793651
22	10	0.02	0.746032
23	10	0.03	0.793651

通过网格搜索超参数调优器的属性 best_estimator_ 得到最优超参数组合的机器学习模型，代码如下：

```
print(gs.best_estimator_)
```

结果显示：

```
DecisionTreeClassifier(class_weight=None, criterion='gini', max_
depth=6,
            max_features=None, max_leaf_nodes=None,
            min_impurity_decrease=0.01, min_impurity_split=None,
            min_samples_leaf=1, min_samples_split=2,
            min_weight_fraction_leaf=0.0,
            presort=False, random_state=None,
            splitter='best')。
```

上述结果已经得出了最优超参数值，进一步将超参数调优过程进行可视化，横坐标为决策树的深度 param_max_depth，纵坐标为评价测试得分 mean_test_score，图形为最小不纯度下降比例 param_min_impurity_decrease，代码如下：

```
fig,ax=plt.subplots()
grouped=cv_results.groupby('param_min_impurity_decrease')
for key,group in grouped:
    group.plot(ax=ax,x='param_max_depth',y='mean_test_
    score',label=key)
plt.show()
```

结果如图 5-34 所示。

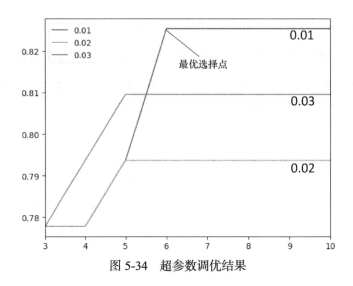

图 5-34   超参数调优结果

在选出了最优的超参数组合后，利用该超参数调优后的模型进行训练，生成决策树，代码如下：

```
clf=gs.best_estimator_
clf.fit(train_X_3,train_y)
from sklearn.tree import export_graphviz
from pydotplus import graph_from_dot_data
features_3=['qy','mj','jg']
dot_data=export_graphviz(clf,out_file=None,
feature_names=features_3,filled=True,rounded=True)
graph=graph_from_dot_data(dot_data)
graph.write_png("tree.png")
img=plt.imread('tree.png')
fig=plt.figure(figsize=(20,12))
plt.imshow(img)
plt.axis('off')
plt.show()
```

决策树分类过程如图 5-35 所示。

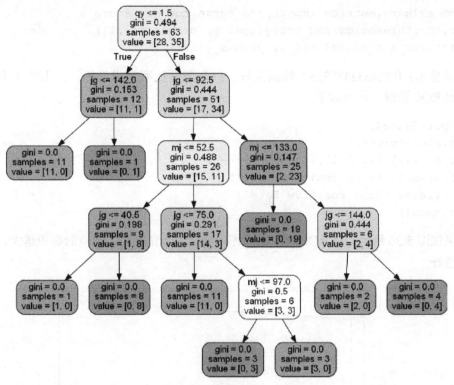

图 5-35　决策树分类过程

从上述决策树的生成过程看，影响目标变量的主要因素依次为区域（qy）、价格（jg）和面积（mj）。

（8）测试与评估

将模型在测试集上进行评估，得到预测的值和概率，代码如下：

```
predict_y=clf.predict(test_X_3)
probas_y=clf.predict_proba(test_X_3)
```

输出分类统计报告，代码如下：

```
from sklearn.metrics import classification_report
print(classification_report(test_y, predict_y))
```

结果显示：

```
      precision    recall   f1-score   support
0        0.80        1.00      0.89        4
1        1.00        0.92      0.96        12
```

从分类统计报告看，模型的预测性能良好，特别是在类别 1 上，精确率为 100%，召回率为 92%。

使用 roc_auc_score() 计算 ROC 下的面积。参数 test_y 表示真实类别值，参数 probas_y 表示预测类别 1 的概率，代码如下：

```
from sklearn.metrics import roc_curve,roc_auc_score
fpr,tpr,thresholds=roc_curve(test_y, probas_y[:,1])
print(roc_auc_score(test_y, probas_y[:,1]))
```

结果显示：0.958333333333，性能良好。以假阳性比率为横坐标，真阳性比率为纵坐标，画出 ROC 曲线，代码如下：

```
fig=plt.figure()
plt.plot(fpr,tpr)
plt.plot([0,1],[0,1],linestyle='--')
plt.xlabel('False Positive Rate')
plt.ylabel('True Positive Rate')
plt.show()
```

结果如图 5-36 所示，从 ROC 可以看出图形越往左上角扩展，对应的面积越大，模型预测性能越好。

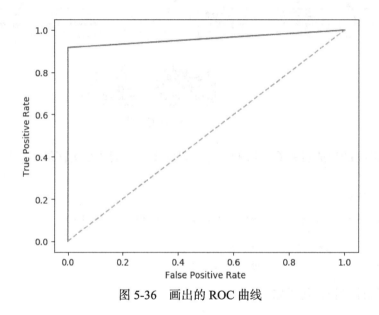

图 5-36　画出的 ROC 曲线

5.11　练习

（1）现有 17 个西瓜样本数据集 watermelon.csv，根据密度（demension）和含糖率（sugar）判断是否是好瓜，数据保存在 watermelon.csv 文件中，部分数据如图 5-37 所示，试建立逻辑回归分类模型。

```
import pandas as pd
data = pd.read_csv('watermelon.csv')
data.head()
```

（2）现有 700 个已知分类客户以及 150 个待预测客户数据集 bankloan.xls，包括年龄（age）、教育程度（ed）、雇员年限（employ）、居住年限（address）、收入（income）、收入债务

比（debtinc）、信用卡债务比（creddebt）、其他债务比（othdebt）、是否违约（default），数据
保存在 bankloan.csv 文件中，部分数据如图 5-38 所示，用已标记客户数据建立决策树模型，
并对待预测客户进行判断。

```
import pandas as pd
data = pd.read_csv('bankloan.csv')
data.head()
```

	id	demension	sugar	output
0	1	0.697	0.460	1
1	2	0.774	0.376	1
2	3	0.634	0.264	1
3	4	0.608	0.318	1
4	5	0.556	0.215	1

图 5-37　watermelon.csv 部分数据

	age	ed	employ	address	income	debtinc	creddebt	othdebt	default
0	41	3	17	12	176	9.3	11.359392	5.008608	1
1	27	1	10	6	31	17.3	1.362202	4.000798	0
2	40	1	15	14	55	5.5	0.856075	2.168925	0
3	41	1	15	14	120	2.9	2.658720	0.821280	0
4	24	2	2	0	28	17.3	1.787436	3.056564	1

图 5-38　bankloan.csv 部分数据

（3）有 31 个城市的空气质量指标数据，保存在 air.xls 文件中，部分数据如图 5-39 所
示，试进行聚类分析。

	A	B	C	D	E
1	指标	可吸入颗粒物(毫克/立方米)	二氧化硫(毫克/立方米)	二氧化氮(毫克/立方米)	空气质量达到及好于二级的天数(天)
2	北　京	0.162	0.052	0.066	241
3	天　津	0.114	0.067	0.048	305
4	石家庄	0.142	0.044	0.039	287
5	太　原	0.142	0.08	0.025	261
6	呼和浩特	0.102	0.054	0.048	313
7	沈　阳	0.117	0.058	0.043	321
8	长　春	0.099	0.026	0.039	340
9	哈尔滨	0.104	0.034	0.049	308

图 5-39　air.xls 部分数据

（4）给出 178 个葡萄酒样本，每个样本都含有 13 个参数，比如酒精度、酸度、镁含量

等，数据保存在 wine.data 文件中，部分数据如图 5-40 所示。这些样本分别属于 3 个不同种类的葡萄酒。任务是提取 3 种葡萄酒的特征，以便下一次给出一个新的葡萄酒样本时，能根据已有数据判断出新样本是哪一种葡萄酒。试用 PCA 进行降维，并选择合适的模型进行预测。

```
import pandas as pd
data = pd.read_csv('wine.data',header=-1)
data.head()
```

	0	1	2	3	4	5	6	7	8	9	10	11	12	13
0	1	14.23	1.71	2.43	15.6	127	2.80	3.06	0.28	2.29	5.64	1.04	3.92	1065
1	1	13.20	1.78	2.14	11.2	100	2.65	2.76	0.26	1.28	4.38	1.05	3.40	1050
2	1	13.16	2.36	2.67	18.6	101	2.80	3.24	0.30	2.81	5.68	1.03	3.17	1185
3	1	14.37	1.95	2.50	16.8	113	3.85	3.49	0.24	2.18	7.80	0.86	3.45	1480
4	1	13.24	2.59	2.87	21.0	118	2.80	2.69	0.39	1.82	4.32	1.04	2.93	735

图 5-40　wine.data 部分数据

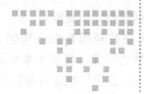

第 6 章 ｜ Chapter 6

文本挖掘与应用

本章讲解文本挖掘及应用，结合实例帮助读者掌握在 Python 中进行中英文文本处理时常用库的使用。文本挖掘是数据挖掘方法在文本数据集上的运用，旨在从大量非结构化的文本集合中挖掘信息、发现知识。本章的重点内容如下：

- ➢ 文本挖掘流程
- ➢ 英文分词：NLTK、TextBlob
- ➢ 中文分词：Jieba、SnowNLP
- ➢ 正则表达式：re
- ➢ 词云：WordCloud
- ➢ LDA 主题模型

6.1 文本挖掘流程

文本挖掘一般包括下面几个步骤：

1）定义问题：明确需要研究的问题。

2）获取数据：包括公开数据集、开放数据（比如政府开放数据项目、各非营利性组织等提供的数据）、私有数据（企业、组织内部数据）、互联网抓取的数据等。

3）数据预处理：清除 HTML 标签，处理编码问题，分词，去标点，拼写纠错，规范化（小写大写），去停用词，词性标注等。

4）文本特征处理：词袋模型，N-Gram、TF-IDF 等。

5）模型训练：常用机器学习模型，如逻辑回归、朴素贝叶斯、随机森林、神经网络等。

6）分析结果展现：词云、词频统计图等各类可视化方案。

6.2 NLTK

NLTK（Natural Language Toolkit）是 Python 中常用的自然语言处理工具包，包含大量的

模块、数据以及文档资源。

NLTK 支持利用 Python 构建一整套英文文本处理的产品。整个工具包基本覆盖自然语言处理的核心任务，包括文本分词、词根化、词性标注、标签识别、文本分类、文法分析、语义推断等，提供标准接口和标准实现，是一套工业级别的自然语言处理库。

如果出现以下内容：

```
Resource 'taggers/averaged_perceptron_tagger/averaged_perceptron _
tagger.pickle' not found. Please use the NLTK Downloader to obtain the
resource: >>> nltk.download()
```

说明 NLTK 的相关数据没有下载，需要使用如下命令：

```
import nltk
nltk.download()
```

如图 6-1 所示，在弹出的窗口中，建议选择 All Packages 进行下载。

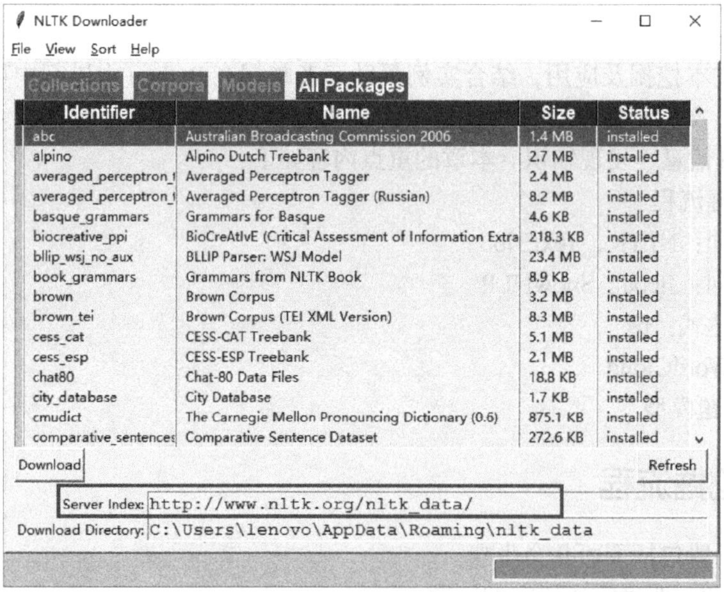

图 6-1　NLTK 资源下载

注意：初始打开图 6-1 的时候，默认从 Github 链接 http://nltk.github.com/nltk_data/ 获取资源，可能会出现 "[Errno 11004] getaddrinfo failed" 错误提示，需将 "Server Index" 地址从原始的 Github 链接改成 NLTK 官网地址（http://www.nltk.org/nltk_data/），如图 6-1 中的方框处所示。当然也可以通过第三方复制资源，然后解压到 "Download Directory" 所示的路径即可。

（1）分词

导入 NLTK 库，调用 word_tokenize() 方法进行分词，代码如下：

```
import nltk
sentence = "What you say is very funny. And he is not a very nice
```

```
person."
tokens = nltk.word_tokenize(sentence)
print(tokens)
```

输出结果为：

```
['What', 'you', 'say', 'is', 'very', 'funny', '.', 'And', 'he', 'is',
'not', 'a', 'very', 'nice', 'person', '.']
```

调用 pos_tag() 方法进行词性标注，代码如下：

```
tagged = nltk.pos_tag(tokens)
print(tagged)
```

输出结果为：

```
[('What', 'WP'), ('you', 'PRP'), ('say', 'VBP'), ('is', 'VBZ'),
('very', 'RB'), ('funny', 'JJ'), ('.', '.'), ('And', 'CC'), ('he',
'PRP'), ('is', 'VBZ'), ('not', 'RB'), ('a', 'DT'), ('very', 'RB'),
('nice', 'JJ'), ('person', 'NN'), ('.', '.')]
```

（2）词频统计

调用 FreqDist() 方法进行词频统计，代码如下：

```
fdist1 = nltk.FreqDist(tokens)
for key, val in fdist1.items():
    print(key, val)
```

输出结果为：

```
What 1
you 1
say 1
is 2
very 2
funny 1
. 2
And 1
he 1
not 1
a 1
nice 1
person 1
```

（3）应用实例

有评论文件 movieReviews.tsv，部分内容如图 6-2 所示，文件中有 25000 条评论数据，现在需要挖掘评论中的主题词，用于分析民众的关注点。

1）数据读取。

导入 pandas 包，读取数据文件，代码及注释如下：

```
import pandas as pd
train= pd.read_csv("movieReviews.tsv", header=0, delimiter='\t',
quoting=3)
'''
```

movieReviews.tsv 作为训练数据，.tsv 文件是用制表符 Tab 分隔的类 .csv 文件

delimiter 参数的值设置为 \t

header = 0 在这里表示文件包含列名，通过 head 查看列内容

quoting=3 表示忽略双引号

```
'''

print(train.head())
```

id   sentiment   review
"5814_8"   1   "With all this stuff going down at the moment with MJ i've started
listening to his music, watching the odd documentary here and there, watched The Wiz and
watched Moonwalker again. Maybe i just want to get a certain insight into this guy who i
thought was really cool in the eighties just to maybe make up my mind whether he is guilty or
innocent. Moonwalker is part biography, part feature film which i remember going to see at the
cinema when it was originally released. Some of it has subtle messages about MJ's feeling
towards the press and also the obvious message of drugs are bad m'kay.

Visually
impressive but of course this is all about Michael Jackson so unless you remotely like MJ in
anyway then you are going to hate this and find it boring. Some may call MJ an egotist for
consenting to the making of this movie BUT MJ and most of his fans would say that he made it
for the fans which if true is really nice of him.

The actual feature film bit when it
finally starts is only on for 20 minutes or so excluding the Smooth Criminal sequence and Joe
Pesci is convincing as a psychopathic all powerful drug lord. Why he wants MJ dead so bad is
beyond me. Because MJ overheard his plans? Nah, Joe Pesci's character ranted that he wanted
people to know it is he who is supplying drugs etc so i dunno, maybe he just hates MJ's music.

Lots of cool things in this like MJ turning into a car and a robot and the whole Speed
Demon sequence. Also, the director must have had the patience of a saint when it came to
filming the kiddy Bad sequence as usually directors hate working with one kid let alone a whole
bunch of them performing a complex dance scene.

Bottom line, this movie is for
people who like MJ on one level or another (which i think is most people). If not, then stay away.
It does try and give off a wholesome message and ironically MJ's bestest buddy in this movie is a
girl! Michael Jackson is truly one of the most talented people ever to grace this planet and is he
guilty? Well, with all the attention i've gave this subject....hmmm well i don't know because
people can be different behind closed doors, i know this for a fact. He is either an extremely nice
but stupid guy or one of the most sickest liars. I hope he is not the latter."
"2381_9"   1   "\"The Classic War of the Worlds\" by Timothy Hines is a very
entertaining film that obviously goes to great effort and lengths to faithfully recreate H. G.
Wells' classic book. Mr. Hines succeeds in doing so. I, and those who watched his film with me,
appreciated the fact that it was not the standard, predictable Hollywood fare that comes out
every year, e.g. the Spielberg version with Tom Cruise that had only the slightest resemblance to
the book. Obviously, everyone looks for different things in a movie. Those who envision
themselves as amateur \"critics\" look only to criticize everything they can. Others rate a movie
on more important bases,like being entertained, which is why most people never agree with the
\"critics\". We enjoyed the effort Mr. Hines put into being faithful to H.G. Wells' classic novel,
and we found it to be very entertaining. This made it easy to overlook what the \"critics\"
perceive to be its shortcomings."
"7759_3"   0   "The film starts with a manager (Nicholas Bell) giving welcome
investors (Robert Carradine) to Primal Park . A secret project mutating a primal animal using

图 6-2   movieReviews.tsv 文件部分内容

结果如图 6-3 所示。

	id	sentiment	review
0	"5814_8"	1	"With all this stuff going down at the moment ...
1	"2381_9"	1	"\"The Classic War of the Worlds\" by Timothy ...
2	"7759_3"	0	"The film starts with a manager (Nicholas Bell...
3	"3630_4"	0	"It must be assumed that those who praised thi...
4	"9495_8"	1	"Superbly trashy and wondrously unpretentious ...

图 6-3   读取文件结果

查看数据的维度及特征，代码及注释如下：

```
print(train.shape)                 # 查看数据 train 的维度大小
print(train.columns.values)        # 查看 3 个特征
```

结果显示：

```
(25000, 3)
```

该结果表示有 25000 行 3 列，包含 3 个特征：['id','sentiment','review']。

查看第一条评论，代码如下：

```
print(train["review"][0])
```

结果显示：

```
"With all this stuff going down at the moment with MJ i've started
listening to his music, watching the odd documentary here and there,
watched The Wiz and watched Moonwalker again. ……"
```

从打印的第一条评论中可以看出，在文本挖掘前，需要对 HTML 标记符、标点符号等特殊字符、字母的大小写以及停用词等进行处理，这个过程称为文本预处理。

2）文本预处理。

Anaconda 自带 BeautifulSoup4，导入即可使用，通过 BeautifulSoup 中的 html.parser 对文本进行 HTML 解析，利用 BeautifulSoup 的 get_text() 方法获取解析对象的内容。代码如下：

```
from bs4 import BeautifulSoup
example1 = BeautifulSoup(train["review"][0], "html.parser")
print(example1.get_text())
```

与原始打印文本第一条评论相比，这里少了 HTML 标签。

导入正则表达式 re，使用 re.sub() 函数处理标点符号等非字母字符，将其全部替换为空格，代码如下：

```
import re
letters_only = re.sub("[^a-zA-Z]"," ", example1.get_text())
print(letters_only)
```

与之前输出的文本相比，这里少了标点符号等特殊字符。

忽略大小写的因素，将字符全部转换为小写，代码如下：

```
lower_case = letters_only.lower()
print(lower_case)
```

与之前输出的文本相比，这里又进一步将所有单词字符转换成了小写。

利用 split() 方法进行分词，代码如下：

```
words = lower_case.split()
print(words)
```

结果显示：

```
['with', 'all', 'this', 'stuff', 'going', 'down', 'at', 'the',
'moment', 'with', 'mj', 'i', 've', 'started', 'listening',…, 'latter']
```

利用 NLTK 的语料库导入停用词字典，代码如下：

```
from nltk.corpus import stopwords
print(stopwords.words("english"))
```

可以看到，NLTK 默认自带的停用词有：

```
['i', 'me', 'my', 'myself', 'we', 'our', 'ours', 'ourselves', 'you',
'your', 'yours', 'yourself', 'yourselves', 'he', 'him', 'his',
'himself', 'she', 'her', 'hers', 'herself', 'it', 'its', 'itself',
'they', 'them', 'their', 'theirs', 'themselves', 'what', 'which',
'who', 'whom', 'this', 'that', 'these', 'those', 'am', 'is', 'are',
'was', 'were', 'be', 'been', 'being', 'have', 'has', 'had', 'having',
'do', 'does', 'did', 'doing', 'a', 'an', 'the', 'and', 'but', 'if',
'or', 'because', 'as', 'until', 'while', 'of', 'at', 'by', 'for',
'with', 'about', 'against', 'between', 'into', 'through', 'during',
'before', 'after', 'above', 'below', 'to', 'from', 'up', 'down', 'in',
'out', 'on', 'off', 'over', 'under', 'again', 'further', 'then',
'once', 'here', 'there', 'when', 'where', 'why', 'how', 'all', 'any',
'both', 'each', 'few', 'more', 'most', 'other', 'some', 'such', 'no',
'nor', 'not', 'only', 'own', 'same', 'so', 'than', 'too', 'very',
's', 't', 'can', 'will', 'just', 'don', 'should', 'now', 'd', 'll',
'm', 'o', 're', 've', 'y', 'ain', 'aren', 'couldn', 'didn', 'doesn',
'hadn', 'hasn', 'haven', 'isn', 'ma', 'mightn', 'mustn', 'needn',
'shan', 'shouldn', 'wasn', 'weren', 'won', 'wouldn']
```

利用 stops 停用词字典，对前面处理得到的 words 进行去停用词操作，代码如下：

```
stops = set(stopwords.words("english"))
meaningful_words = [w for w in words if not w in stops]
print(meaningful_words)
```

得到去掉停用词后的词列表：

```
['stuff', 'going', 'moment', 'mj', 'started', 'listening', 'music',
'watching', ……, 'latter']
```

3）将预处理过程定义为函数。

在上面的测试都通过之后，为了方便使用，将这一系列操作写成函数，以供后面使用，代码及注释如下：

```
def review_to_words(raw_review):
    # 去 HTML 标签
    review_text = BeautifulSoup(raw_review, 'html.parser').get_text()
    # 去非字母符号
    letters_only = re.sub("[^a-zA-Z]", " ", review_text)
```

```
# 分词并小写化
words = letters_only.lower().split()
# 去停止词
stops = set(stopwords.words("english"))
meaningful_words = [w for w in words if not w in stops]
return(" ".join(meaningful_words))
```

对第一条评论进行测试，查看效果，代码如下：

```
clean_review = review_to_words(train["review"][0])
print(clean_review)
```

结果显示：

```
stuff going moment mj started listening music watching …… latter
```

可以看出 review_to_words() 方法返回的是一个字符串文本，与之前生成的列表变量 meaningful_words 内容完全一致。

4）对所有评论进行处理。

查看评论的数量，对所有评论进行清洗，代码及注释如下：

```
num_reviews = train["review"].size
print(num_reviews)                          #25000
```

创建一个空的列表 clean_train_reviews，将清洗之后的评论都放在这个列表里，代码及注释如下：

```
clean_train_reviews = []
'''
利用 for 循环，调用 append() 方法将清洗之后的评论放入。
注意：这里是对 25000 个评论进行操作，可能会运行很长时间，需要中途打印信息，以达到提示功能。
'''
for i in range(0, num_reviews):
    if ((i+1)%5000 == 0):
        print("已处理 %d 条评论 " % ( i+1 ))
    clean_train_reviews.append(review_to_words(train["review"][i]))
print(clean_train_reviews[0])                # 看第一条评论处理结果，与之前对比
```

结果显示：

```
stuff going moment mj started listening music watching …… latter
```

此时的结果与之前处理的完全相同。

25000 条评论保存在列表中，需要将其连成一个大的文本，以便于统一处理，代码如下：

```
text=''
for i,j in enumerate(clean_train_reviews):
```

```
   text += j
   text +=''
   if ((i+1)%5000 == 0):
        print("已处理%d条评论" % ( i+1 ))
```

5）绘制词云。

利用 WordCloud 制作词云，Anaconda 不包含该库，需要在 PyCharm 环境中导入，导入命令为：pip install wordcloud，导入成功后才能使用。将连成的文本 text 绘制词云，代码及注释如下：

```
import matplotlib.pyplot as plt
from wordcloud import WordCloud, STOPWORDS
wc = WordCloud(background_color="yellow",    # 设置背景颜色
               max_words=50,                  # 设置显示的最大词数
               stopwords=STOPWORDS,           # 设置停用词
               max_font_size=100,             # 设置字体最大值
               random_state=30                # 设置随机生成状态，
                                              # 即配色方案

               )
wc.generate(text)                             # 产生词云图
plt.imshow(wc)                                # 显示词云图
plt.axis('off')                               # 取消坐标，美化界面
plt.show()
```

结果如图 6-4 所示。

6）词频统计及可视化。

词云图给人一种直观的视觉效果，而具体查看每一个词以及词频，还需进行统计输出，代码及注释如下：

图 6-4　movieReviews.tsv 词云图

```
tokens = nltk.word_tokenize(text)
                            # 分词
fdist1 = nltk.FreqDist(tokens)    # 统计词频
listkey = []                      # 用来保存所有词
listval = []                      # 用来保存所有词对应的词频
# 遍历词频列表项，按第 2 列词频倒序显示，取前 20 个主题词
for key, val in sorted(fdist1.items(), key=lambda x:x[1],
reverse=True)[:20]:
    listkey.append(key)
    listval.append(val)
    print(key, val)
```

结果显示：

```
movie 44031
film 40147
one 26788
```

```
like 20274
good 15140
time 12724
even 12646
would 12436
story 11983
really 11736
see 11475
well 10662
much 9765
get 9310
bad 9301
people 9285
also 9156
first 9061
great 9058
made 8362
```

将上述主题词及对应的词频用条形图显示，代码如下：

```
import numpy as np
plt.bar(np.arange(20),listval,log=True)
plt.xticks(np.arange(20),listkey,rotation=90)
plt.title('Word Freq')
plt.show()
```

结果如图 6-5 所示。

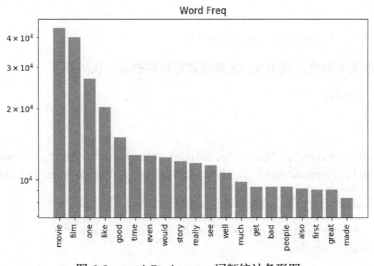

图 6-5　movieReviews.tsv 词频统计条形图

由此，结合词云和词频统计结果，可以对用户所关注的焦点展开研究和分析，提出针对性的策略和建议。

6.3 TextBlob

TextBlob 是一个用于英文文本数据处理的工具包，可以处理基本的自然语言处理任务，如名词短语提取、情感分析、语义识别等。TextBlob 通过简单的接口来进行文本处理的各个功能，可以把一个 TextBlob 对象当作 Python 字符串来对待。不同的是，这个字符串具有文本挖掘的多种功能。

由于 Anaconda 环境不包含 TextBlob 库，使用前需要在 PyCharm 环境的 Terminal 窗口中导入，命令为：pip install textblob --no-deps。

（1）分词

导入 TextBlob 库，定义 TextBlob 文本对象，调用 tags 属性进行词性标注，代码如下：

```
from textblob import TextBlob
tb = TextBlob("TextBlob aims to provide access to common text-
processing operations through a familiar interface.")
print(tb.tags)
```

结果显示：

```
[('TextBlob', 'NNP'), ('aims', 'VBZ'), ('to', 'TO'), ('provide',
'VB'), ('access', 'NN'), ('to', 'TO'), ('common', 'JJ'), ('text-
processing', 'JJ'), ('operations', 'NNS'), ('through', 'IN'), ('a',
'DT'), ('familiar', 'JJ'), ('interface', 'NN')]
```

对 TextBlob 文本对象，调用 noun_phrases 属性进行短语抽取，代码如下：

```
print(tb.noun_phrases)
```

结果显示：

```
['textblob', 'familiar interface']
```

对 TextBlob 文本对象，调用 words 属性进行单词抽取，代码如下：

```
print(tb.words)
```

结果显示：

```
['TextBlob', 'aims', 'to', 'provide', 'access', 'to', 'common', 'text-
processing', 'operations', 'through', 'a', 'familiar', 'interface']
```

文本单词可以按空格分隔，也可以按标点符号分隔，代码如下：

```
animals = TextBlob("apple,elephant,octopus,peach!")
print(animals.words)
```

结果显示：

```
['apple', 'elephant', 'octopus', 'peach']
```

调用 words.pluralize() 方法可以得到所有单词的复数，代码如下：

```
print(animals.words.pluralize())
```

结果显示：

```
['apples', 'elephants', 'octopodes', 'peaches']
```

（2）情感分析

文本是人们在现实世界中进行情感交流的一种表达形式，通常带有一定的主客观性。比如，消费者在网上购买了某个产品，对该产品的质量、价格和物流等方面进行评价时必然具有一定的主客观性，有可能是正面的或负面的，因此对消费者评论进行情感分析，也是获取客户口碑的一个重要渠道。

定义一个 TextBlob 文本对象，使用 sentiment 属性可以得到文本对象的情感，代码如下：

```
testimonial = TextBlob("Python is an amazing programming language.
It's very good!")
print(testimonial.sentiment)
```

结果显示：

```
Sentiment(polarity=0.8, subjectivity=0.84)
```

其中，polarity 表示文本的极性，范围是 [–1.0, 1.0]，其中负数为负面极性，正数为正面极性；subjectivity 表示文本的主客观性，主客观性的范围是 [0.0, 1.0]，其中 0.0 表示非常客观，1.0 表示非常主观。

如果要提取极性和主客观性，那么可以用相应的属性，代码及注释如下：

```
print(testimonial.sentiment.polarity)          #0.8
print(testimonial.sentiment.subjectivity)      #0.84
```

定义文本 zen，获得单词和句子，代码如下：

```
zen = TextBlob("Beautiful is better than ugly. Explicit is better than
implicit. Simple is better than complex.")
print(zen.words)
print(zen.sentences)
```

得到的单词：

```
['Beautiful', 'is', 'better', 'than', 'ugly', 'Explicit', 'is',
'better', 'than', 'implicit', 'Simple', 'is', 'better', 'than',
'complex']
```

得到的句子：

```
[Sentence("Beautiful is better than ugly."), Sentence("Explicit is
better than implicit."), Sentence("Simple is better than complex.")]
```

这段话的情感如何呢？先看下面的例子，代码如下：

```
x=TextBlob("I am a good student. I try to study python!")
print(x.words)
print(x.sentences)
print(x.sentiment)
```

结果显示:

```
['I', 'am', 'a', 'good', 'student', 'I', 'try', 'to', 'study',
'python']
[Sentence("I am a good student."), Sentence("I try to study python!")]
Sentiment(polarity=0.875, subjectivity=0.6)
```

从上面的结果可以看出，一段话的情感主要受第一个句子的影响，需要对每一句话进行情感分析。

```
for i in x.sentences:
      print(i.sentiment)
```

结果如下:

```
Sentiment(polarity=0.7, subjectivity=0.6)
Sentiment(polarity=0.0, subjectivity=0.0)
```

从上面的结果可以看出，第一句话的极性为 0.7，主客观性为 0.6，而第二句话的极性为 0，主客观性也为 0，因此，整段文本的情感不代表每一句话的情况。

再分析 zen 的情感，需提取每一个句子进行分析，代码如下:

```
for sentence in zen.sentences:
    print(sentence.sentiment)
```

第一句：Sentiment(polarity=0.2, subjectivity=0.833)。

第二句：Sentiment(polarity=0.5, subjectivity=0.5)。

第三句：Sentiment(polarity=0.07, subjectivity=0.419)。

（3）词频统计

定义 TextBlob 对象，进行词频统计，代码如下:

```
hello = TextBlob("We are saying hello to you.We are now saying hello,
hello, HELLO to you.")
print(hello.word_counts['hello'])
```

结果显示:

4

默认忽略大小写，设置大小写敏感，代码如下:

```
print(hello.words.count('hello', case_sensitive=True))
```

结果显示:

3

（4）n-grams

n-grams 是一种基于统计语言模型的算法。它的基本思想是给定的一段文本或语音中 N 个项目（Item）的序列，示例代码如下：

```
blob = TextBlob("What you say is very funny.")
print(blob.ngrams(n=3))
```

结果显示：

```
[WordList(['What', 'you', 'say']), WordList(['you', 'say', 'is']),
WordList(['say', 'is', 'very']), WordList(['is', 'very', 'funny'])]
```

（5）贝叶斯模型文本分类

导入 textblob.classifiers 库中的 NaiveBayesClassifier 分类模型，对样本进行训练，建立模型，代码如下：

```
from textblob.classifiers import NaiveBayesClassifier
train = [
    ('I love this sandwich.', 'pos'),
    ('this is an amazing place!', 'pos'),
    ('I feel very good about these beers.', 'pos'),
    ('this is my best work.', 'pos'),
    ("what an awesome view", 'pos'),
    ('I do not like this restaurant', 'neg'),
    ('I am tired of this stuff.', 'neg'),
    ("I can't deal with this", 'neg'),
    ('he is my sworn enemy!', 'neg'),
    ('my boss is horrible.', 'neg')
]
cl = NaiveBayesClassifier(train)
print(cl)
```

结果显示：

```
<NaiveBayesClassifier trained on 10 instances>
```

现对"This is an amazing library!"运用上述模型进行预测，代码如下：

```
result=cl.classify("This is an amazing library!")
print(result)
```

结果显示：

```
pos
```

再利用该模型预测"you do not like me."，代码及注释如下：

```
prob_dist = cl.prob_classify("you do not like me.")   # 预测概率分布
print(prob_dist.max())                                 # 最终结果
print(round(prob_dist.prob("pos"), 2))                 # 预测是 pos 的概率
```

```
print(round(prob_dist.prob("neg"), 2))                    # 预测是 neg 的概率
```

结果分别对应显示：

```
neg、0.03、0.97
```

以上结果表示预测为 neg 的概率为 97%，预测为 pos 的概率为 3%，所以最终结果是 neg。

定义 TextBlob 文本对象时，也可以直接对 TextBlob 文本对象建立分类器，代码如下：

```
blob = TextBlob("The beer is good. But the hangover is horrible.",classifier=cl)
print(blob.classify())
```

结果显示：

```
pos
```

利用 TextBlob 的 sentences 属性对所有句子进行分类，代码如下：

```
for s in blob.sentences:
    print(s)
    print(s.classfy())
```

结果显示：The beer is good. 对应的值为 pos ；But the hangover is horrible. 对应的值为 neg。

6.4 Jieba

Jieba 分词是一款基于 Python 的中文分词库，使用方便，准确性较高。

由于 Anaconda 环境不包含 Jieba 库，因此使用前需要在 PyCharm 环境的 Terminal 窗口中导入，导入命令为 pip install jieba --no-deps。

（1）分词

导入 Jieba，示例代码如下：

```
import jieba
seg_list1 = jieba.cut(" 我是一名中国的大学生 ", cut_all=True)
seg_list2 = jieba.cut(" 我是一名中国的大学生 ", cut_all=True, HMM=True)
print(u" 全模式 : " + "/ ".join(seg_list1))
print(u" 全模式 -HMM: " + "/ ".join(seg_list2))
```

结果显示：

```
全模式：我 / 是 / 一名 / 中国 / 的 / 大学 / 大学生 / 学生
全模式 -HMM: 我 / 是 / 一名 / 中国 / 的 / 大学 / 大学生 / 学生
```

HMM（隐马尔可夫模型）默认为 True。对于未记录到词库的词，使用了基于汉字成词能力的 HMM。

参数 cut-all 指是否采用全模式，默认为 False，即采用精确模式。

全模式：速度快，可以把句子中所有可以成词的词语都扫描出来，但是不能解决歧义。

精确模式：试图将句子最精确地切分，适合文本分析。该模式为默认模式。

看下面的代码，使用的是默认模式：

```
seg_list1 = jieba.cut("我是一名中国的大学生", cut_all=False)
seg_list2 = jieba.cut("电视剧微微一笑很倾城很好看：讲了一个累觉不爱的故事",
cut_all=False)
seg_list3 = jieba.cut("石墨烯是好材料", cut_all=False)
print(u"默认模式：" + "/ ".join(seg_list1))
print(u"默认模式：" + "/ ".join(seg_list2))
print(u"默认模式：" + "/ ".join(seg_list3))
```

结果显示：

默认模式：我 / 是 / 一名 / 中国 / 的 / 大学生

默认模式：电视剧 / 微微一笑 / 很 / 倾城 / 很 / 好看 / ：/ 讲 / 了 / 一个 / 累觉 / 不 / 爱 / 的 / 故事

默认模式：石墨 / 烯 / 是 / 好 / 材料

分词的连接符可以任意设定，代码如下：

```
seg_list = jieba.cut("我去中国杭州的浙江大学参观")
print(", ".join(seg_list))
```

结果显示：

我，去，中国，杭州，的，浙江大学，参观

中文分词有时带有歧义，因此利用 Jieba 得到的分词可能存在多种含义，如对于"结婚的和尚未结婚的人"，不同的人可能有不同的理解，代码如下：

```
seg_list = jieba.cut("结婚的和尚未结婚的人")
print(", ".join(seg_list))
```

结果显示：

结婚，的，和，尚未，结婚的人

同样对于"南京市长江大桥"，也可能有不同的理解，来看 Jieba 是如何分词的，代码如下：

```
seg_list = jieba.cut("南京市长江大桥")
print(", ".join(seg_list))
```

结果显示：

南京市，长江大桥

（2）词性标注

jieba.posseg 库提供了标注词性的功能，代码如下：

```
import jieba.posseg as pseg
words = pseg.cut(" 我爱北京天安门 ")
print(words)
```

结果显示：

```
<generator object cut at 0x0000025D59F3EBF8>
```

返回的是对象，需要使用循环遍历对象，得到每个词和对应的词性，代码如下：

```
for word, flag in words:
    print('%s %s' % (word, flag))
```

结果如下：

```
我 r
爱 v
北京 ns
天安门 ns
```

（3）自定义词典

如前所述，对于"石墨烯是好材料"，Jieba 只能按照一般的意思去理解，最终分词为"石墨 / 烯 / 是 / 好 / 材料"。但"石墨烯"是一个固定短语，而 Jieba 不能识别，如果用户需要自定义短语，就需要将这些短语定义在自定义词典中，让 Jieba 加载使用。

自定义词典时，一个词占一行，每一行分 3 部分，即词语、词频（可省略）、词性（可省略），用空格隔开，顺序不可颠倒。如在 userdict. txt 文本文件定义图 6-6 所示的内容。

盗墓笔记 5
胡八一 2
蓝瘦 5
石墨烯 5

图 6-6　userdict.txt 文件内容

Jieba 可以加载自定义词典，也可以动态增加短语词汇，这样就能按照自定义词汇进行分词了，代码如下：

```
jieba.load_userdict("userdict.txt")
jieba.add_word(' 累觉不爱的故事 ')   # 增加词
test_sent = (
" 电视剧微微一笑很倾城很好看：讲了一个累觉不爱的故事 \n 看了非常的蓝瘦香菇，不过石墨
烯是好材料。"
)
words = jieba.cut(test_sent)
print('/'.join(words))
```

结果显示：

电视剧 / 微微一笑 / 很 / 倾城 / 很 / 好看 / ：/ 讲 / 了 / 一个 / 累觉不爱的故事 /
/ 看 / 了 / 非常 / 的 / 蓝瘦 / 香菇 /，/ 不过 / 石墨烯 / 是 / 好 / 材料 /

使用 add_word(word, freq=None, tag=None) 和 del_word(word) 可在程序中动态修改词典，使用 suggest_freq(segment, tune=True) 可调节单个词语的词频，使其能（或不能）被分出来。

示例代码如下：

```
print('/'.join(jieba.cut('「小黑牛」会被分词')))
```

结果显示：

「 / 小黑 / 牛 / 」 / 会 / 被 / 分词

增加"小黑牛"的词频，代码如下：

```
jieba.suggest_freq('小黑牛', True)
print('/'.join(jieba.cut('「小黑牛」不会被分词')))
```

结果显示：

「 / 小黑牛 / 」 / 不会 / 被 / 分词

（4）关键词提取

关键词是文档中具有代表性意义的词，具有较高的权重。Jieba 库提供了 analyse.extract_tags() 方法可以进行关键词提取。形如：

```
jieba.analyse.extract_tags(sentence, topK=20, withWeight=False,
allowPOS=())
```

参数说明：

sentence 为待提取的文本；

topK 为返回 TF/IDF 权重最大的关键词数量，默认值为 20；

withWeight 为是否一并返回关键词权重值，默认值为 False；

allowPOS 仅包括指定词性的词，默认值为空，即不筛选。

中文关键词提取之前，也需要剔除停用词。Jieba 有默认的停用词，如"的""了""啊""这"等，除了这些，用户还可以自定义停用词词典，代码如下：

```
import jieba.analyse
jieba.analyse.set_stop_words("stop_words.txt")
```

在文件 stop_words.txt 中设置停用词：产权、城市、陈海、黄俊鹏、赵宝刚。

为了能够识别出固定短语，这里添加自定义词典，代码及注释如下：

```
jieba.add_word('人民的名义')                    # 增加词典
content = open('news.txt', 'rb').read()          # 以二进制形式读取文件
tags = jieba.analyse.extract_tags(content, topK=5)
                                                 # 取 TFIDF 权重前 5 的词
print(','.join(tags))
```

结果显示：

人民的名义 , 导演 , 角色 , 出演 , 七集

显示每个词的权重（TFIDF 值），代码如下：

```
tags = jieba.analyse.extract_tags(content,topK=5,withWeight=True)
print(tags)
```

结果显示：

[('人民的名义', 0.36226568190606057), ('导演', 0.2911561855939394), ('角色', 0.21279852071757574), ('出演', 0.20787393412727276), ('七集', 0.1404108853737374)]

（5）关键词可视化

将这些关键词作为横坐标，将权重 TFIDF 值作为纵坐标，进行可视化，代码及注释如下：

```
listkey = []
listval = []
for word, val in sorted(tags, key=lambda x:x[1], reverse=True):
    listkey.append(word)
    listval.append(val)
    print(word, val)
import matplotlib.pyplot as plt
import numpy as np
plt.rcParams['font.sans-serif'] = ['SimHei']        #用来正常显示中文标签
plt.bar(np.arange(5),listval,log=True)
plt.xticks(np.arange(5),listkey,rotation=30)
ax = plt.gca()                                       #gca='get current axis'
ax.set_ylabel('tfidf')
plt.title('词频统计')
plt.show()
```

结果如图 6-7 所示。

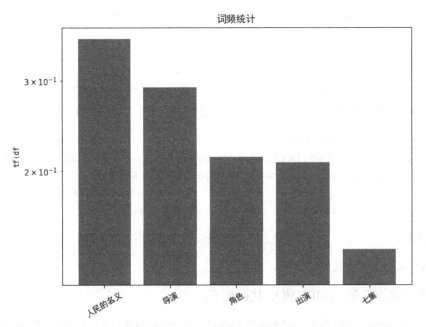

图 6-7　news.txt 关键词条形图

6.5　SnowNLP

　　SnowNLP 是用 Python 写的类库，可以方便地处理中文文本内容，是受到了 TextBlob 的启发而写的，由于现在大部分的自然语言处理库基本都是针对英文的，于是编写了一个方便处理中文的类库。

　　由于 Anaconda 环境不包含 SnowNLP 库，因此使用前需要在 PyCharm 环境的 Terminal 窗口中导入，导入命令为：pip install snownlp --no-deps。

　　（1）基本用法

　　导入 SnowNLP，定义 SnowNLP 对象，示例代码如下：

```
from snownlp import SnowNLP
s=SnowNLP(' 这个东西很赞 ')
# 分词
print(s.words)
```

　　结果显示：

```
[' 这个 ', ' 东西 ', ' 很 ', ' 赞 ']
```

```
print(list(s.tags))          # 词性标注
```

　　结果显示：

```
[(' 这个 ', 'r'), (' 东西 ', 'n'), (' 很 ', 'd'), (' 赞 ', 'Vg')]
```

```
print(s.sentiments)          # 情感分析
```

　　结果显示：

```
0.954
```

　　定义一段文本，将其设为 SnowNLP 对象，可直接提取其关键词，代码及注释如下：

```
text='''
自然语言处理是计算机科学领域与人工智能领域中的一个重要方向。
它研究能实现人与计算机之间用自然语言进行有效通信的各种理论和方法。
自然语言处理是一门融语言学、计算机科学、数学于一体的科学。
因此，这一领域的研究将涉及自然语言，即人们日常使用的语言，
所以它与语言学的研究有着密切的联系，但又有重要的区别。
自然语言处理并不是一般地研究自然语言，
而在于研制能有效地实现自然语言通信的计算机系统，
特别是其中的软件系统。因而它是计算机科学的一部分。
'''
s=SnowNLP(text)
print(s.keywords(5))         # 提取关键词
```

　　结果显示：

['语言','自然','计算机', '领域', '研究']

划分句子，代码如下：

```
print(s.sentences)
```

结果显示：

['自然语言处理是计算机科学领域与人工智能领域中的一个重要方向', '它研究能实现人与计算机之间用自然语言进行有效通信的各种理论和方法', '自然语言处理是一门融语言学、计算机科学、数学于一体的科学', '因此', '这一领域的研究将涉及自然语言', '即人们日常使用的语言', '所以它与语言学的研究有着密切的联系', '但又有重要的区别', '自然语言处理并不是一般地研究自然语言', '而在于研制能有效地实现自然语言通信的计算机系统', '特别是其中的软件系统', '因而它是计算机科学的一部分']

打印每一个句子，代码如下：

```
for i in s.sentences:
    print(i)
```

结果显示：

自然语言处理是计算机科学领域与人工智能领域中的一个重要方向
它研究能实现人与计算机之间用自然语言进行有效通信的各种理论和方法
自然语言处理是一门融语言学、计算机科学、数学于一体的科学
因此
这一领域的研究将涉及自然语言
即人们日常使用的语言
所以它与语言学的研究有着密切的联系
但又有重要的区别
自然语言处理并不是一般地研究自然语言
而在于研制能有效地实现自然语言通信的计算机系统
特别是其中的软件系统
因而它是计算机科学的一部分

打印关键句子，代码如下：

```
print(s.summary())
```

结果显示：

['因而它是计算机科学的一部分', '自然语言处理是计算机科学领域与人工智能领域中的一个重要方向', '自然语言处理是一门融语言学、计算机科学、数学于一体的科学', '所以它与语言学的研究有着密切的联系', '这一领域的研究将涉及自然语言']

统计词频，代码如下：

```
s=SnowNLP([['这篇','文章'],['那篇','论文'],['文章'],['文章','这篇','这篇']])
print(s.tf)                #词频
```

结果显示：

[{' 这篇 ': 1, ' 文章 ': 1}, {' 那篇 ': 1, ' 论文 ': 1}, {' 文章 ': 1}, {' 文章 ': 1, ' 这篇 ': 2}]

计算逆向文件频率指数，代码如下：

```
print(s.idf)
```

逆向文件频率指数越大，代表性越强，结果显示：

{' 这篇 ': 0.0, ' 文章 ': -0.8472978603872037, ' 那篇 ': 0.8472978603872037, ' 论文 ': 0.8472978603872037}

计算文档之间的相似度，代码如下：

```
print(s.sim([' 那篇 ']))
```

结果显示：

[0, 0.8472978603872037, 0, 0]

该结果表明文档 [' 那篇 '] 与第二篇文档的相似度高。

（2）情感分析

有某品牌鸭脖评论信息，保存在 mtpl.xls 文件中，如图 6-8 所示。现要求对这些评论进行情感分析。

	A	B
1	时间	评论
2	2017-03-17	真的好吃、良心商家、大大地赞
3	2017-06-07	味道不错，量也很多
4	2017-06-05	送货贼快，棒棒哒！
5	2017-05-15	分量足，味道一般
6	2017-05-15	速度太快了，一如既往地神速，口味还不错
7	2017-04-24	口味很棒，特别是樱花之恋，好好吃~甜甜的。不过对于配送...提前电话通知减少等待时间的行为我能理解...但让我在门口等了将近十分钟~宝宝就有点小情绪了...
8	2017-04-22	感觉不是现做的，有点不新鲜，其他都还好
9	2017-04-21	哇地一声哭了出来，少了一个锁骨，多了两个鸭翅，但是还是不开心，不开心
10	2017-04-01	这家伙很懒什么都没写，不过我们推测应该吃得挺嗨。

图 6-8　某品牌鸭脖评论信息

加载数据，代码如下：

```
import pandas as pd
pd.set_option('display.unicode.ambiguous_as_wide', True)
pd.set_option('display.unicode.east_asian_width', True)
df = pd.read_excel('mtpl.xls', 'Sheet1')
print(df.head())
```

结果显示：

	时间	评论
0	2017-03-17	真的好吃、良心商家、大大地赞
1	2017-06-07	味道不错，量也很多
2	2017-06-05	送货贼快，棒棒哒！
3	2017-05-15	分量足，味道一般
4	2017-05-15	速度太快了，一如既往地神速，口味还不错

增加列情感得分，代码如下：

```
df['score'] = df['评论'].apply(lambda x: SnowNLP(x).sentiments)
print(df.head())
```

结果显示：

	时间	评论	score
0	2017-03-17	真的好吃、良心商家、大大地赞	0.473777
1	2017-06-07	味道不错，量也很多	0.845424
2	2017-06-05	送货贼快，棒棒哒！	0.646640
3	2017-05-15	分量足，味道一般	0.661053
4	2017-05-15	速度太快了，一如既往地神速，口味还不错	0.997932

定义分类函数，将情感得分转换为好评、中评和差评，并生成新的一列，代码如下：

```
def type_class(text):
    if text > 0.5:
        text = '好评'
    elif text > 0.2:
        text = '中评'
    else:
        text = "差评"
    return text
df['type'] = df['score'].apply(lambda x: type_class(x))
print(df.head())
```

结果显示：

	时间	评论	score	type
0	2017-03-17	真的好吃、良心商家、大大地赞	0.473777	中评
1	2017-06-07	味道不错，量也很多	0.845424	好评
2	2017-06-05	送货贼快，棒棒哒！	0.646640	好评
3	2017-05-15	分量足，味道一般	0.661053	好评
4	2017-05-15	速度太快了，一如既往地神速，口味还不错	0.997932	好评

将评论内容连成字符串，用SnowNLP提取关键词，代码及注释如下：

```
text = ''
for line in df['评论']:
    line = line.strip()    # 去除首位空格换行符
```

```
    text += line
print(text)
s=SnowNLP(text)
print(s.keywords(20))
```

结果显示：

['很', '好吃', '好', '吃', '都', '不', '还', '送', '味道', '鸭', '喜欢', '感觉', '司', '不错', '没', '点', '太', '带', '…', '寿司']

进一步过滤停用词，代码如下：

```
def handle(self, doc):                    # 定义处理函数
    words = seg.seg(doc)                  #seg 是 SnowNLP 的分词方法
    words = normal.filter_stop(words)     # 过滤停用词
    return words
from snownlp import sentiment
sent = sentiment.Sentiment()
words_list=sentiment.Sentiment.handle(sent,text)
text=''.join(words_list)
s=SnowNLP(text)
print(s.keywords(20))
```

结果显示：

['很', '好吃', '好', '还', '吃', '都', '味道', '不', '不错', '送', '鸭', '挺', '司', '寿司', '感觉', '喜欢', '点', '太', '没', '樱花']

用 SnowNLP 进行关键词提取的效果并不好，下面用 Jieba 看效果如何，代码如下：

```
import jieba
import jieba.analyse
text=''.join(words_list)
tags = jieba.analyse.extract_tags(text, topK=20)
print(tags)
```

结果显示：

['好吃', '味道', '寿司', '不错', '樱花', '积分', '喜欢', '芥末', '评价', '外卖', '素肠', '感觉', '之恋', '口味', '哈哈哈', '美团', '现金', '浪费', '下次', '分量']

此时发现 Jieba 在提取关键词等方面的性能更优，还可以自定义词典、设置停用词。

6.6　正则表达式

正则表达式通常是用来检索、替换那些匹配某个模式（规则）的文本。

（1）正则表达式常用符号

正则表达式可以通过通配符进行模式匹配，如表 6-1 所示。

表 6-1　正则表达式常用通配符

符号	含义	实例
[]	内部字符可以被匹配	[123] 匹配字符串中的数字 1、2 或 3 [a-z] 匹配任意一个小写字母 [\u4e00-\u9fa5] 匹配所有汉字
?	前面的字符可以出现零次或一次	[123]? 表示 1、2 或 3 可以出现，也可以不出现
+	前面的字符可以出现一次或多次	[123]+ 表示 1、2 或 3 至少出现一次或多次
*	前面的字符可以出现零次或多次	[123]* 表示 1、2 或 3 可以没有或出现多次
.	匹配任意字符（除了 \n）	. 可以匹配任意数字，如 8；也可以匹配任意字母，如 y
\d	匹配从 0~9 中的任意一个数字	\d. 可以匹配 68，也可以匹配 5y
^	以什么开头	^[a-z] 表示以小写字母开头
$	以什么结尾	[a-z]$ 表示以小写字母结尾
[^]	取反	[^a-zA-Z] 匹配所有非字母字符
{m,n}	字符可以出现 m~n 次	h.{2,3}h 匹配两个 h 之间的任意字符，可以出现 2~3 次
|	或者	abc|123 可以匹配 abc 或 123

【例 1】代码如下：

```
line = 'ujs_zdh@163.com'
pattern = '^[a-zA-Z0-9_]+@[a-zA-Z0-9_]+\.[a-z]+'
res_match = re.search(pattern, line)
print(res_match)
```

结果显示：

```
<_sre.SRE_Match object; span=(0, 15), match='ujs_zdh@163.com'>
```

【例 2】代码如下：

```
pattern = '[^123]+'
line = '12356kkk'
res_match = re.search(pattern, line)
print(res_match)
```

结果显示：

```
56kkk
```

（2）re 模块中的常用方法

match：从字符串的起始位置开始匹配，如果字符串开始不符合正则表达式，则匹配失败，返回 None；

search：匹配整个字符串，直到找到第一个匹配内容；

findall：在字符串中找到正则表达式所匹配的所有子串，并返回一个列表；

finditer：和findall类似，在字符串中找到正则表达式所匹配的所有子串，并把它们作为一个迭代器返回；

compile：可以将模式定义成一个单独的类，循环使用；

sub：替换。

【例3】代码如下：

```
a=re.search(r"abc","abc are ok! abc")
print(a)
```

结果显示：

```
<_sre.SRE_Match object; span=(0, 3), match='abc'>
```

【例4】代码如下：

```
a=re.search(r"^abc","abc are ok! abc")
print(a)
```

结果显示：

```
<_sre.SRE_Match object; span=(0, 3), match='abc'>
```

【例5】代码如下：

```
a=re.search(r"abc$","abc are ok! abc")
print(a)
```

结果显示：

```
<_sre.SRE_Match object; span=(12, 15), match='abc'>
```

【例6】代码如下：

```
pattern = '[a-zA-Z-]+'
line = 'I want to eat fengmi da-chang.'
res_match = re.findall(pattern, line)
print(res_match)
```

结果显示：

```
['I', 'want', 'to', 'eat', 'fengmi', 'da-chang']
```

【例7】代码如下：

```
res_match = re.finditer(pattern, line)
for item in res_match:
    print(item.group(0))
```

结果显示：

```
I
want
```

```
to
eat
fengmi
da-chang
```

【例 8】代码如下：

```
res = re.sub(pattern, 'words', line)
print(res)
```

结果显示：

```
words words words words words words.
```

re.search 只能匹配满足模式的第一个内容，如果要循环匹配内容，就需要使用 compile 生成一个类，提高性能。

【例 9】代码如下：

```
pat = re.compile(pattern)
lines = ['I want to',
         'we want to',
         'yu want to',
         'Idd want to']
for line in lines:
    res_match = pat.search(line)
    print(res_match)
```

结果显示：

```
<_sre.SRE_Match object; span=(0, 1), match='I'>
<_sre.SRE_Match object; span=(0, 2), match='we'>
<_sre.SRE_Match object; span=(0, 2), match='yu'>
<_sre.SRE_Match object; span=(0, 3), match='Idd'>
```

【例 10】代码及注释如下：

```
s = 'i3 love you very much!'
pattern = '([a-zA-Z-])[a-zA-Z-]+'
res=re.findall(pattern, s)   # 返回 () 里的内容
print(res)
```

结果显示：

```
['l', 'y', 'v', 'm']
```

（3）正则表达式的使用

【例 11】代码及注释如下：

```
import re
# 模式 :\d 匹配数字 ,+ 表示一个或多个 ,() 代表组 ,. 代表任意字符 ,* 表示零个或多个
```

```
pattern = '\d+(.*)'
text='12334444fffff'  # 文本
title_text = re.match(pattern, text)
print(title_text)
```

结果显示：

```
<_sre.SRE_Match object; span=(0, 13), match='12334444fffff'>
```

【例 12】代码如下：

```
print(title_text.group(0))
```

结果显示：

```
12334444fffff
```

group(0) 返回模式匹配的整个内容。

```
print(title_text.group(1))
```

结果显示：

```
fffff
```

group(1) 返回模式匹配中 () 里的内容。

【例 13】代码及注释如下：

```
line = "ahaaah123444h45"
pattern = 'h.{2,3}h'          #h 之间的任意字符出现 2~3 次
res_match = re.search(pattern, line)
print(res_match.group(0))
```

结果显示：

```
haaah
```

【例 14】代码及注释如下：

```
line = 'sss127'
pattern = '(sss|127)'         #sss 或者 127
res_match  = re.search(pattern, line)
print(res_match)
```

结果显示：

```
sss
```

【例 15】search() 只匹配第一个，如果要匹配全部，可用 findall()，代码如下：

```
res_match = re.findall(pattern, line)
print(res_match)
```

结果显示:

```
['sss','123']
```

【例16】代码及注释如下:

```
line = 'sss3122133127'
pattern = '[123]+'    #[]代表的是内部字符可以被匹配,+表示可以匹配一个或多个
res_match = re.search(pattern, line)
print(res_match)
```

结果显示:

```
312213312
```

(4) 贪婪模式与非贪婪模式

贪婪模式指尽可能地多匹配字符。

非贪婪模式指尽可能地少匹配字符。

【例17】代码如下:

```
a=re.search(r"abc+","abcccccccccc are ok!")    # 贪婪模式,尽可能找到最多
print(a)
```

结果显示:

```
<_sre.SRE_Match object; span=(0, 11), match='abcccccccccc'>
```

【例18】代码如下:

```
a=re.search(r"abc*","abccccc are ok!")    # 贪婪模式
print(a)
```

结果显示:

```
<_sre.SRE_Match object; span=(0, 7), match='abccccc'>
```

【例19】代码如下:

```
a=re.search(r"abc?","abccccccc are ok!")    # 非贪婪模式
print(a)
```

结果显示:

```
<_sre.SRE_Match object; span=(0, 2), match='ab'>
```

【例20】代码如下:

```
a=re.search(r"abc{2}","abccc are ok!")
print(a)
```

结果显示:

```
<_sre.SRE_Match object; span=(0, 4), match='abcc'>
```

【例 21】代码如下：

```
a=re.search(r"abc{0,}","abccc are ok!")
print(a)
```

结果显示：

```
<_sre.SRE_Match object; span=(0, 5), match='abccc'>
```

【例 22】代码如下：

```
a=re.search(r"(abc){0,}","abcabcabcc are ok!")
print(a)
```

结果显示：

```
<_sre.SRE_Match object; span=(0, 9), match='abcabcabc'>
```

（5）匹配 IP 地址

【例 23】代码如下：

```
a=re.search(r"202.","202x195.169.1")
print(a)
```

结果显示：

```
<_sre.SRE_Match object; span=(0, 4), match='202x'>
```

【例 24】代码如下：

```
a=re.search(r"\d","202.195.169.1")
print(a)
```

结果显示：

```
<_sre.SRE_Match object; span=(0, 1), match='2'>
```

【例 25】代码如下：

```
a=re.search(r"\d\d\d\.","999.195.169.1")
print(a)
```

结果显示：

```
<_sre.SRE_Match object; span=(0, 4), match='999.'>
```

【例 26】代码如下：

```
a=re.search(r"[01]\d\d|2[0-4]\d|25[0-5]","255")
print(a)
```

结果显示：

```
<_sre.SRE_Match object; span=(0, 3), match='255'>
```

【例27】代码如下：

```
a=re.search(r"(([01]\d\d|2[0-4]\d|25[0-5])\.){3}([01]\d\d|2[0-4]\
d|25[0-5])","202.195.169.175")
print(a)
```

结果显示：

```
<_sre.SRE_Match object; span=(0, 15), match='202.195.169.175'>
```

【例28】代码如下：

```
a=re.search(r"(([01]{0,1}\d{0,1}\d|2[0-4]\d|25[0-5])\.){3}([01]{0,1}\
d{0,1}\d|2[0-4]\d|25[0-5])","202.5.69.199")
print(a)
```

结果显示：

```
<_sre.SRE_Match object; span=(0, 11), match='202.5.69.199'>
```

（6）匹配邮箱

【例29】代码如下：

```
a=re.search(r"^[a-zA-Z0-9_-]+@[a-zA-Z0-9_-]+(\.[a-zA-Z]+)+$","zdh@
ujs.edu.cn")
print(a)
```

结果显示：

```
<_sre.SRE_Match object; span=(0, 14), match='zdh@ujs.edu.cn'>
```

6.7 词云

WordCloud 是常用的词云展示第三方库，由于 Anaconda 环境不包含 WordCloud 库，因此需要用命令 pip install wordcloud 进行安装，它可以根据文本中词语出现的频率等参数绘制词云图，绘制形状、尺寸和颜色可自定义。

以 news.txt 文本为例绘制中文词云图，代码及注释如下：

```
import jieba
text = ''
with open('news.txt') as fileIn:
    for line in fileIn.readlines():
        line = line.strip('\n')                    # 去除换行符
        text += ''.join(jieba.cut(line))
        text += ''
print(text)
import numpy as np
```

```
from wordcloud import WordCloud, STOPWORDS
from PIL import Image                          # 图像处理库
# 若 PIL 导入报错，则使用 pip install --upgrade pillow 更新图像界面库 pillow
image = np.array(Image.open('timg.jpg'))       # 将图片转换为二维矩阵
wc = WordCloud( background_color = 'white',   # 设置背景颜色
                mask=image,                    # 设置背景图片
                max_words = 50,                # 设置最多显示的字数
                stopwords = STOPWORDS,         # 设置停用词
font_path = 'C:/Windows/fonts/simsun.ttc',     # 设置字体格式，中文
                max_font_size = 50,            # 设置字体最大值
                random_state = 30,             # 设置随机生成状态，即配色方案
                )
wc.generate(text)
import matplotlib.pyplot as plt
plt.imshow(wc)
plt.axis('off')
plt.show()
```

结果如图 6-9 所示。

图 6-9　news.txt 词云图

以 ironman.txt 文本为例绘制英文词云图，代码及注释如下：

```
import matplotlib.pyplot as plt
from wordcloud import WordCloud, STOPWORDS
text = open('ironman.txt').read()
print(text)
from PIL import Image                          #PIL 图像处理库
import numpy as np
image = np.array(Image.open('timg.jpg'))       # 将图片转换为二维矩阵
wc = WordCloud(background_color="white",       # 设置背景颜色
                mask=image,                    # 设置背景图片
                max_words=50,                  # 设置显示的最大词数
                stopwords=STOPWORDS,           # 设置停用词
                max_font_size=100,             # 设置字体最大值
```

```
                    random_state=30                        # 设置随机生成状态，即配色方案
                )
wc.generate(text)
plt.imshow(wc,interpolation='bilinear')                    # 双线插值，显示图形
plt.axis("off")
plt.show()
```

结果如图 6-10 所示。

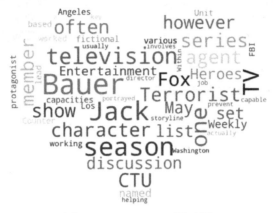

图 6-10　ironman.txt 词云图

6.8　LDA 主题模型

　　LDA 主题模型是一种非监督学习技术，用于识别文档集中潜在的主题词信息。它是一种典型的词袋模型，即它认为一篇文档是由一组词构成的集合，词与词之间没有顺序以及先后的关系。一篇文档中可以包含多个主题，文档中的每一个词都由其中一个主题生成。

　　已知电影《肖申克的救赎》的影评信息，保存在文件 doubanpd.csv 中，以这些评论信息为例，构建 LDA 主题模型。

　　加载数据，代码如下：

```
import pandas as pd
x = pd.read_csv('doubanpd.csv', encoding="gbk")
print(x.head(10))
```

结果如图 6-11 所示。

使用参数 axis=0，选择删除有 NaN 的行，代码如下：

```
newpage = x.dropna(axis=0)
print(newpage.head(10))
```

结果如图 6-12 所示。

```
      id                                                      reviews
0      0    距离斯蒂芬·金 (Stephen King) 和德拉邦特 (Frank Darabont) 们缔造这...
1      1                                                         NaN
2      2    周末看了一部美国影片《肖申克的救赎》（《The Shawshank Redemption》）...
3      3    Andy Dufresne, 一个永垂电影史册的名字。　1　关于《The Shawshan...
4      4    一、缘起　从来没想过给《肖申克的救赎》写一篇影评，也许是生怕暴露自己只是个不谙世事的初级影...
5      5    现在好像比较时兴将人分为体制内和体制外的人，体制外的人通常有某种优越感，似乎自己的人格才是...
6      6                                                         NaN
7      7    打一颗星并不是因为这部片很差，只是不明白怎么会是豆瓣电影里的头牌。用极端的踩来平衡下极端的捧...
8      8    * 是否记得片尾有一行字幕"In memory of Allen Greene"？翻译成中文...
9      9    你知道，束缚越紧，梦也就会在心里勒下越深的痕迹。《肖申克的救赎》是一场关于笼中鸟如何飞往自由...
```

图 6-11　doubanpd.csv 数据读取结果

```
      id                                                      reviews
0      0    距离斯蒂芬·金 (Stephen King) 和德拉邦特 (Frank Darabont) 们缔造这...
2      2    周末看了一部美国影片《肖申克的救赎》（《The Shawshank Redemption》）...
3      3    Andy Dufresne, 一个永垂电影史册的名字。　1　关于《The Shawshan...
4      4    一、缘起　从来没想过给《肖申克的救赎》写一篇影评，也许是生怕暴露自己只是个不谙世事的初级影...
5      5    现在好像比较时兴将人分为体制内和体制外的人，体制外的人通常有某种优越感，似乎自己的人格才是...
7      7    打一颗星并不是因为这部片很差，只是不明白怎么会是豆瓣电影里的头牌。用极端的踩来平衡下极端的捧...
8      8    * 是否记得片尾有一行字幕"In memory of Allen Greene"？翻译成中文...
9      9    你知道，束缚越紧，梦也就会在心里勒下越深的痕迹。《肖申克的救赎》是一场关于笼中鸟如何飞往自由...
10    10    肖申克的救赎告诉我们："心若是牢笼，处处为牢笼，自由不在外面，而在于内心。" 人们追求自由，...
11    11    These walls are kind of funny like that. First...
```

图 6-12　删除有 NaN 的行

导入 Jieba 分词库，查看评论数，代码如下：

```
import jieba
import jieba.analyse
num_reviews = newpage["reviews"].size
print(num_reviews)
```

结果显示：

82

将所有评论连接成文本，生成评论的词云图，代码如下：

```
textreview = "
for i in newpage["id"]:
      textreview += newpage["reviews"][i]
      textreview += "
import matplotlib.pyplot as plt
from wordcloud import WordCloud, STOPWORDS
wc = WordCloud( background_color = 'white',              # 设置背景颜色
               max_words = 50,                          # 设置最大显示的字数
               stopwords = STOPWORDS,                   # 设置停用词
               font_path = 'C:/Windows/fonts/simsun.ttc',
                                                        # 设置字体格式，中文
               max_font_size = 50,                      # 设置字体最大值
```

```
                    random_state = 30,          # 设置随机生成状态，即配色方案
                    )
wc.generate(textreview)
# 利用 Matplotlib 库绘制词云
import matplotlib.pyplot as plt
plt.imshow(wc)
plt.axis('off')
plt.show()
```

结果如图 6-13 所示。

图 6-13   doubanpd.csv 词云图

提取评论的主题词和权重，代码如下：

```
tags = jieba.analyse.extract_tags(textreview,topK=20,withWeight=True)
print(tags)
```

结果显示：

[('肖申克', 0.1715281675400499), ('救赎', 0.12042821107935121),…, ('good', 0.022373239244354335), ('没有', 0.022331547722535868)]

将主题词作为横坐标，将权重作为纵坐标，绘制条形图，代码及注释如下：

```
listkey = []
listval = []
for word, val in sorted(tags, key=lambda x:x[1], reverse=True):
     listkey.append(word)
     listval.append(val)
     print(word, val)
import numpy as np
plt.rcParams['font.sans-serif'] = ['SimHei']        # 用来正常显示中文标签
plt.bar(np.arange(20),listval,log=True)
plt.xticks(np.arange(20),listkey,rotation=90)
ax = plt.gca()                                      #gca='get current axis'
ax.set_ylabel('tfidf')
plt.title(' 词频统计 ')
plt.show()
```

结果如图 6-14 所示。

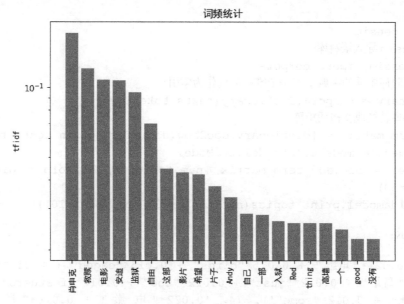

图 6-14　doubanpd.csv 词频统计条形图

将每一个评论看作是一个文档，根据权重提取每一个文档的关键词，形成文档词列表，代码如下：

```
documents = newpage['reviews'].values.tolist()
#print(documents)
from nltk.tokenize import word_tokenize
texts_tokenized = []
for document in documents:
    texts_tokenized_unit = []
    for word in word_tokenize(document):
        texts_tokenized_unit += jieba.analyse.extract_
        tags(word, 5)
    texts_tokenized.append(texts_tokenized_unit)
print(texts_tokenized)
```

结果显示：

[['Stephen', '斯蒂芬', '距离', '邦特', 'King', 'Frank', '德拉', 'Darabont', '聒噪', '缔造', '抱歉', '一如既往', '肖申克', '救赎', '信念', '友谊', '眼里', 'Red', '瑞德', '危险', '希望', '东西'], ['肖申克', '救赎', '周末', '影片', '一部', 'Shawshank', 'Redemption', '牢中', '冤案', '追寻', '入狱', '银行家', '影片', '感受', '改变现状', '毅力', '才华'],…, ['阿甘', '肖申克', '喜欢', '但是', '有太多']]

使用文档词列表构建语料库字典，并转换成文档词矩阵，导入 LDA 模型，生成若干个主题向量，代码及注释如下：

```
# 使用前需要导入 gensim 库, 适合本环境的是 2.3 版本, 命令 :pip install gensim ==
#2.3

import gensim
# 从 gensim 导入语料库
from gensim import corpora
# 建立语料库中词的字典, 将每个唯一的词作为索引
dictionary = corpora.Dictionary(texts_tokenized)
# 将语料库转换成文档词矩阵
doc_term_matrix = [dictionary.doc2bow(doc) for doc in texts_tokenized]
Lda = gensim.models.ldamodel.LdaModel
ldamodel = Lda(doc_term_matrix, num_topics=6, id2word = dictionary,
passes=50)
print(ldamodel.print_topics(num_topics=3, num_words=10))
```

结果显示:

```
[(1, '0.021*"电影" + 0.015*"birds" + 0.015*"caged" + 0.015*"meant" +
0.012*"鸟儿" + 0.012*"just" + 0.012*"too" + 0.012*"feathers" + 0.012*
"bright" + 0.012*"some"'), (4, '0.022*"电影" + 0.016*"肖申克" +
0.013*"Andy" + 0.011*"救赎" + 0.009*"Red" + 0.007*"监狱" + 0.007*"希望
" + 0.006*"Shawshank" + 0.006*"自由" + 0.006*"Greene"'), (3, '0.009*"
总是" + 0.009*"电影" + 0.009*"不敢" + 0.009*"不敢相信" + 0.009*"男
人" + 0.009*"good" + 0.009*"thing" + 0.009*"接触" + 0.005*"肖申克" +
0.005*"安迪"')]
```

以此为依据, 可以展开对电影《肖申克的救赎》用户评论舆情的分析, 得出评论背后有价值的规律, 以及这部电影反映的民众关注的社会深层次问题。

6.9 练习

(1) 网络舆情分析: 社交媒体是现实主观世界的一面镜子, 它也会进一步影响人们的行为。如果我们对该领域中的优质媒体所发布的信息进行分析, 除了可以了解该领域的发展进程和现状 (时间、空间的分布规律) 外, 还可以对该领域的人群行为进行一定程度的预判 (文本特征分析)。试对某一热点新闻事件及评论进行数据采集与舆情分析。

(2) 情感分析: 发现和挖掘用户的情感或意见, 并开展有针对性的改善, 是商业领域不可或缺的重要环节。试以某一商品评论为依据, 进行数据采集与情感分析。

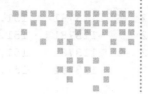

第 7 章　Chapter 7

大数据应用案例

本章讲解实际挖掘应用中的几个典型案例，帮助读者把握大数据处理技术和实际应用场景的结合，以开展项目开发和综合应用。本章的重点内容如下：

➢ 机器学习模型在行业场景中的应用
➢ 文本挖掘在行业场景中的应用

7.1　泰坦尼克生存预测

（1）项目背景及需求

这是 Kaggle 竞赛平台数据分析项目。1912 年 4 月 15 日，泰坦尼克号游轮与冰山相撞，两千多名乘客和一千多名船员丧生。幸存者除了运气因素之外，是否还跟其他因素有关？

项目需求：建立预测模型，分析幸存者的影响因素，并对预测结果进行评估。

（2）加载数据

```
import pandas as pd
titanic = pd.read_csv('titanic.csv')
print(titanic.head())
```

默认打印 5 条记录，结果显示如下：

```
   pclass survived                     name       sex   age sibsp \
0  1st         1    Allen, Miss. Elisabeth Walton  female  29.0000 0
1  1st         1    Allison, Master. Hudson Trevor   male   0.9167 1
2  1st         0    Allison, Miss. Helen Loraine   female   2.0000 1
3  1st         0    Allison, Mr. Hudson Joshua Crei  male  30.0000 1
4  1st         0    Allison, Mrs. Hudson J C (Bessi female  25.0000 1

   parch  ticket      fare    cabin     embarked boat  body  \
0   0     24160  211.337494    B5     Southampton   2   NaN
```

1	2	113781	151.550003	C22 C26	Southampton	11	NaN
2	2	113781	151.550003	C22 C26	Southampton	NaN	NaN
3	2	113781	151.550003	C22 C26	Southampton	NaN	135.0
4	2	113781	151.550003	C22 C26	Southampton	NaN	NaN

```
             home.dest
0   St Louis, MO
1   Montreal, PQ / Chesterville, ON
2   Montreal, PQ / Chesterville, ON
3   Montreal, PQ / Chesterville, ON
4   Montreal, PQ / Chesterville, ON
```

其中，各变量的含义如下：

pclass：舱位（"1st"为一等舱，"2nd"为二等舱，"3rd"为三等舱）；

survived：是否生存（1为生存，0为未生存）；

sibsp：船上的配偶和兄弟姐妹数量；

parch：船上的父母和子女数量；

ticket：船票号码；

fare：票价；

cabin：房间号；

embarked：登船地点；

boat：救生船号码；

body：尸体编号；

home.dest：家乡。

（3）数据探索

```
print(titanic.describe(include = 'all'))
```

各统计量打印结果显示：

```
         pclass    survived     name  sex        age        sibsp      \
count    1309     1309.000000   1309  1309     1046.000000  1309.000000
......
max       NaN      1.000000     NaN   NaN      80.000000    8.000000
         parch       ticket      fare       cabin    embarked boat     \
count    1309.000000  1309      1308.000000  295       1309    486
......
max       9.000000    NaN      512.329224    NaN       NaN     NaN
                       body      home.dest
count    121.000000                745
......
max      328.000000                NaN
```

从上述统计量观察发现：6个变量age、fare、cabin、boat、body和home.dest存在缺失值，变量fare的最大值和最小值差异较大。

进一步将 fare 变量进行可视化，用箱线图描绘出数据的差异性。

```
import matplotlib.pyplot as plt
fig = plt.figure()
plt.boxplot(titanic['fare'].dropna())
plt.show()
```

显示结果如图 7-1 所示。大部分数据集中在 0~100 之间，说明在低价舱位的人数众多。

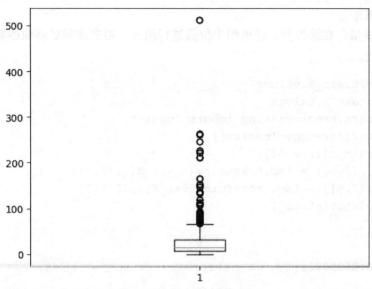

图 7-1　fare 变量箱线图

（4）数据划分

```
from sklearn.model_selection import train_test_split
X = titanic[['pclass', 'sex', 'age', 'sibsp', 'parch', 'fare',
'embarked']]
y = titanic['survived']
train_X, test_X, train_y, test_y = train_test_split(X, y, test_size =
0.3,random_state = 123)
print(train_X.shape)
print(test_X.shape)
print(train_y.shape)
print(test_y.shape)
```

显示结果如下：

```
(916, 7)
(393, 7)
(916,)
(393,)
```

```
print(train_X.head())
```

结果显示：

	pclass	sex	age	sibsp	parch	fare	embarked
164	1st	male	35.0	0	0	26.549999	Cherbourg
974	3rd	male	30.0	1	0	16.100000	Southampton
759	3rd	female	36.0	1	0	17.400000	Southampton
613	3rd	male	26.0	0	0	18.787500	Cherbourg
848	3rd	male	41.0	2	0	14.108300	Southampton

（5）数据填充

age、fare 变量存在缺失值，这里用中位数进行填充。填充前需要将原始数据 DataFrame 类型转换成列表。

```
train_X = train_X.values
test_X = test_X.values
from sklearn.preprocessing import Imputer
imp=Imputer(strategy='median')
imp.fit(train_X[:,[2,5]])
train_X[:,[2,5]] = imp.transform(train_X[:,[2,5]])
test_X[:,[2,5]] = imp.transform(test_X[:,[2,5]])
print(imp.statistics_)
```

显示结果：

```
[ 27.  13.8625002]
```

即用这两个值分别替换 age、fare 变量的缺失值。

（6）类别处理

pclass、sex、embarked 变量为字符串，需要转换为数值，才能进行模型构建。

```
from sklearn.preprocessing import LabelEncoder
le_pclass = LabelEncoder()
le_pclass.fit(train_X[:,0])
train_X[:,0] = le_pclass.transform(train_X[:,0])
le_sex = LabelEncoder()
le_sex.fit(train_X[:,1])
train_X[:,1] = le_sex.transform(train_X[:,1])
le_embarked = LabelEncoder()
le_embarked.fit(train_X[:,6])
train_X[:,6] = le_embarked.transform(train_X[:,6])
print(train_X[:5])
```

结果显示：

```
[[0 1 35.0 0 0 26.5499992 0]
 [2 1 30.0 1 0 16.100000400000003 2]
 [2 0 36.0 1 0 17.3999996 2]
 [2 1 26.0 0 0 18.7875004 0]
 [2 1 41.0 2 0 14.108300199999999 2]]
```

同样，测试集数据也需要进行类别处理。

```
test_X[:,0] = le_pclass.transform(test_X[:,0])
test_X[:,1] = le_sex.transform(test_X[:,1])
test_X[:,6] = le_embarked.transform(test_X[:,6])
```

pclass、embarked 类别有多个，会随机用数值表示，但在实际应用中需要剔除数值大小对模型的影响，仅仅作为一个类别，因此需要将它们转换为 0、1 编码。

```
from sklearn.preprocessing import OneHotEncoder
enc = OneHotEncoder(categorical_features = [0,6], sparse = False)
enc.fit(train_X)
train_X = enc.transform(train_X)
print(train_X[:1])
```

打印一行，结果显示如下：

```
[[ 1. 0.   0. 1. 0.   0. 1. 35. 0.   0.   26.5499992]]
```

列索引 0~2：变量 pclass 是否为 "1st" "2nd" 和 "3rd"，1 为是，0 为否；

列索引 3~6：变量 embarked 是否为 "Cherbourg" "Queenstown" "Southampton" 和 "Unknown"，1 为是，0 为否；

列索引 7：变量 sex，0 为 "female"，1 为 "male"；

列索引 8~11：变量 age、sibsp、parch 和 fare。

同样，测试集数据也需要独热编码。

```
test_X = enc.transform(test_X)
```

（7）特征选择

将数据类别处理完成后，变量个数越多，构建的模型维度越复杂，因此需要进行特征选择，以进行降维。

```
features = ['pclass_1','pclass_2','pclass_3',
            'embarked_C','embarked_Q','embarked_S','embarked_U',
            'sex','age','sibsp','parch','fare']
```

这里使用方差分析统计方法。

```
from sklearn.feature_selection import SelectKBest, chi2
skb = SelectKBest(chi2, k=10)
skb.fit(train_X, train_y)
train_X_10 = skb.transform(train_X)
print(train_X_10[:1])
```

打印一行，结果显示如下：

```
[[ 1.   0.   0.   1.   0.   0.   1. 35.   0.   26.5499992]]
```

与之前相比，少了两列变量，但不知道剔除了哪两列，进一步将所有特征的方差统计得分从大到小打印出来。

```
import numpy as np
scores = pd.DataFrame({'feature':np.array(features), 'score':skb.
scores_})
scores.sort_values("score", ascending = False, inplace=True)
print(scores)
```

结果显示：

```
      feature       score
11      fare   3173.662362
7        sex     84.220715
0    pclass_1     40.871260
8        age     38.354588
2    pclass_3     28.318745
3  embarked_C     24.989587
10     parch     11.332436
5  embarked_S      8.469616
1    pclass_2      3.825527
6  embarked_U      3.219373
9      sibsp      2.978252
4  embarked_Q      0.201028
```

从上面的显示结果可以看出，剔除掉了 sibsp、embarked_Q 两个变量。

（8）建模与调优

对于这个二分类问题，可以选择很多模型进行研究，如逻辑回归、决策树、K 近邻、支持向量机、神经网络、朴素贝叶斯等。这里使用决策树建立预测模型，并进行超参数调优。

```
from sklearn.tree import DecisionTreeClassifier
clf = DecisionTreeClassifier()
print(clf.get_params())
```

结果显示：

```
{'class_weight': None, 'criterion': 'gini', 'max_depth': None, 'max_
features": None, 'max_leaf_nodes': None, 'min_impurity_decrease':
0.0, 'min_impurity_split': None, 'min_samples_leaf': 1, 'min_samples_
split': 2, 'min_weight_fraction_leaf': 0.0, 'presort': False, 'random_
state': None, 'splitter': 'best'}
```

这里需要对两个超参数定义搜索范围：

最大深度（max_depth）：3、4 和 5；

最小掺杂度减少比例（min_impurity_decrease）：0.001 和 0.005。

```
param_grid = {'max_depth': [3,4,5], 'min_impurity_decrease':
[0.001,0.005]}
```

使用网格搜索进行超参数调优，用 KFold 进行随机样本采样。

```
from sklearn.model_selection import KFold, GridSearchCV
# 定义重采样策略
kf = KFold(n_splits=3, shuffle=True, random_state=123)
# 定义超参数调优算法
gs = GridSearchCV(clf, param_grid, 'accuracy', cv = kf)
# 将样本代入，执行超参数调优
gs.fit(train_X_10, train_y)
# 用 pandas 得到性能指标，进行评估
cv_results = pd.DataFrame(gs.cv_results_)
print(cv_results[['param_max_depth','param_min_impurity_decrease',
                  'mean_test_score','rank_test_score']])
```

结果显示：

	param_max_depth	param_min_impurity_decrease	mean_test_score	rank_test_score
0	3	0.001	0.796943	2
1	3	0.005	0.798035	1
2	4	0.001	0.774017	6
3	4	0.005	0.787118	3
4	5	0.001	0.777293	5
5	5	0.005	0.787118	3

从上述性能指标可以看出，max_depth 参数为 3，min_impurity_decrease 为 0.005，为最优值，也可以直接输出最优参数。

```
print(gs.best_estimator_)
```

显示结果如下：

```
DecisionTreeClassifier(class_weight=None, criterion='gini', max_
depth=3,
            max_features=None, max_leaf_nodes=None,
            min_impurity_decrease=0.005, min_impurity_split=None,
            min_samples_leaf=1, min_samples_split=2,
            min_weight_fraction_leaf=0.0, presort=False, random_state=None,
            splitter='best')
```

进一步将调优结果可视化，以 param_min_impurity_decrease 为分组依据，将 param_max_depth 作为横轴，将 mean_test_score 作为纵轴绘制图形。

```
fig, ax = plt.subplots()
grouped = cv_results.groupby('param_min_impurity_decrease')
for key, group in grouped:
      group.plot(ax=ax, x='param_max_depth', y='mean_test_score',
label=key)
plt.show()
```

显示结果如图 7-2 所示。
超参数调优后，将样本代入模型进行训练，得到预测模型，并进行可视化。

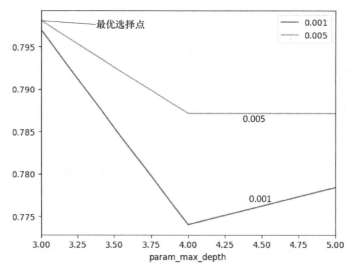

图 7-2 超参数调优结果

```
clf = gs.best_estimator_
clf.fit(train_X_10,train_y)
# 将决策树模型生成可视化图
from pydotplus import graph_from_dot_data
from sklearn.tree import export_graphviz
#10 个变量，需要进行重定义特征变量
features = ['pclass_1','pclass_2','pclass_3','embarked_C','embarked_
S','embarked_U',
                'sex','age','parch','fare']
dot_data = export_graphviz(
        clf, out_file=None, feature_names=features, filled=True,
rounded=True)
graph = graph_from_dot_data(dot_data)
graph.write_png('tree.png')
```

将 tree.png 打开，结果如图 7-3 所示。从图中可以看出，影响程度比较高的变量为 sex、pclass、age 和 fare。

（9）测试与评估

```
test_X=test_X[:,[0,1,2,3,5,6,7,8,10,11]]        # 训练集数据剔除了两个变量，测试集
                                                 # 数据与之对应
predict_y = clf.predict(test_X)
from sklearn.metrics import classification_report
print(classification_report(test_y, predict_y))
```

结果显示：

	precision	recall	f1-score	support
0	0.84	0.89	0.86	244
1	0.80	0.71	0.75	149

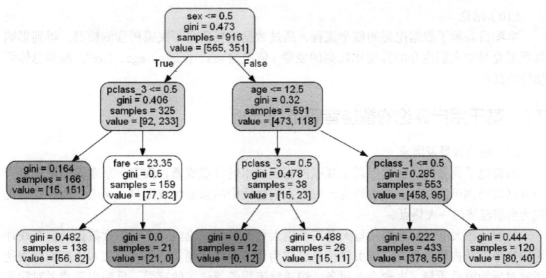

图 7-3　决策树生成模型

接着进行 ROC 分析，以真阳性为纵轴，以假阳性为横轴，画出 ROC 曲线。

```
from sklearn.metrics import roc_auc_score, roc_curve
probas_y = clf.predict_proba(test_X)
fpr, tpr, thresholds = roc_curve(test_y, probas_y[:, 1])
print(roc_auc_score(test_y, probas_y[:, 1]))    #ROC 得分
fig = plt.figure()
plt.plot(fpr, tpr)
plt.plot([0,1], [0,1], linestyle='--')
plt.xlabel('False Positive Rate')
plt.ylabel('True Positive Rate')
plt.show()
```

结果显示如图 7-4 所示，ROC 得分为 0.851400044009，模型总体评估性能良好。

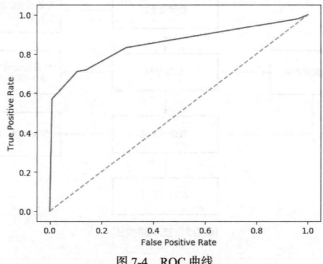

图 7-4　ROC 曲线

（10）结论

本项目展示了数据挖掘的整个流程，通过数据挖掘建立了决策树预测模型，得到影响泰坦尼克号中人们生存的程度比较高的变量（依次为 sex、pclass、age、fare），模型总体评估性能良好。

7.2 基于用户评论的智能音箱市场分析

（1）项目背景及需求

随着电子商务的迅猛发展以及互联网相关技术的日益成熟，淘宝、京东等一系列电子商务网站得到迅速发展，网络购物已成为人们生活中的重要组成部分，而电子商务经济也成为当前经济的一大热点。

目前，各大电子商务网站每天都在产生大量的在线评论内容，利用大数据分析在线评论内容等非结构化数据并获取关键信息已成为当前热点问题。在线评论文本内容能够表达买家对所购商品质量、电商企业服务、快递物流服务等详实的感受，反映出消费者对购买全过程的满意度。随着网购规模的增长，每天产生的在线评论数据量也在不断地扩大，电商企业面对数量巨大的在线评论数据，要快速地找到消费者所关注商品或服务的评价信息，了解消费者真正的购物需求，存在一定的难度。

产品设计人员应了解智能音箱在市场中的发展趋势，要能够在设计过程中准确地识别顾客的需求并高效地进行产品改进，因此需要了解用户关注的重点是什么，国内外消费者的消费倾向如何，今后需要对哪些方面进行优化和改进。

（2）研究思路

研究思路技术路线图如图 7-5 所示。

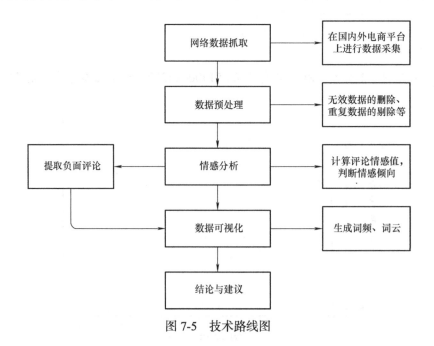

图 7-5 技术路线图

（3）数据采集

本次研究共爬取了某品牌产品评论 10099 条，采集的数据包括套餐类型、颜色分类、评论内容、评论时间和网址 5 个维度，如图 7-6 所示。由于不同电商平台的网页结构不同，对国外产品 Amazon Alexa 和 Google home 的评论采集了 id、时间、颜色、风格、评论五个维度，共抓取英文评论 10490 条，如图 7-7 所示。

	A	B	C	D	E	F
1	套餐类型	颜色分类	评论内容	评论时间	网址	
2	标配版	C位黄	小黄真漂亮，好喜欢天猫精灵，声音好听，音质舒适，这	06.23	https://detail.tmall.c	
3	标配版	66红	音效也超级棒，操作很简单哦，反应也很快呢 不用手机操	06.23	https://detail.tmall.c	
4	标配版	冲鸭白	操作简单方便，功能强大，功能齐全.音响效果也不错，没	06.19	https://detail.tmall.c	
5	标配版	C位黄	史上最满意的一次网购，真的很喜欢，反应快，外观靓丽	06.19	https://detail.tmall.c	
6	标配版	C位黄	哇塞太可爱了吧，太好玩了，这个颜色特别喜欢，很好用	06.18	https://detail.tmall.c	
7	标配版	冲鸭白	宝贝到得很快 昨天下单 今晚送到家 还蛮惊喜的 但是比想	06.18	https://detail.tmall.c	
8	标配版	冲鸭白	功能强大，功能齐全.音响效果也不错，没想到这么小，音	06.23	https://detail.tmall.c	
9	标配版	66红	是用了几天，现在才来，评价评价，声音效果很好，我们	06.21	https://detail.tmall.c	
10	标配版	66红	收到宝贝了，这个颜色特别喜欢，音效棒，操作简单，小	06.23	https://detail.tmall.c	
11	标配版	冲鸭白	声音效果：音量足够用了，音质也很好，看我买了精灵后	06.22	https://detail.tmall.c	
12	标配版	冲鸭白	太棒了，孩子放假了，买来给儿子的，没事和它聊聊天，	06.22	https://detail.tmall.c	
13	标配版	冲鸭白	声音效果：音量很足 要是能够连接认证网就更好啦哈哈哈	06.22	https://detail.tmall.c	
14	标配版	冲鸭白	性价比超高的早教机替代品。活动价很划算，功能比早教	06.22	https://detail.tmall.c	
15	标配版	66红	音质清晰洪亮，反应灵敏，儿子很喜欢	06.23	https://detail.tmall.c	
16	标配版	66红	红色好看，很喜欢，69买个智能音箱，性价比挺高，语音	06.21	https://detail.tmall.c	
17	标配版	C位黄	太可爱啦，到手就迫不及待地开始享用了，听歌，讲故事	06.21	https://detail.tmall.c	
18	标配版	66红	声音效果：声音效果非常棒，接收指令也很迅速 外观材质	06.23	https://detail.tmall.c	
19	标配版	66红	天猫精灵可以进行语音购物、充话费、叫外卖、放音乐音	06.18	https://detail.tmall.c	
20	标配版	C位黄	颜色美，模样萌，快被我玩坏了。真是非常可爱，推荐了	06.22	https://detail.tmall.c	

图 7-6　中文评论采集结果示意图

	id	时间	颜色	风格	评论
1	id	时间	颜色	风格	评论
2	Lynn Anderson	26 October 20	Colour: Cha	Style: Amaz	Forget it - especially if you have a Scottish accent. You'll spe
3	M. Henshall	28 December	Colour: San	Style: Amaz	I think that the Amazon Echo is fantastic! I required help to s
4	Mark	1 August 2018	Colour: Hea	Style: Amaz	VERY VERY HAPPY with this purchase!I purchased the Echo o
5	Andy T	27 November	Colour: Cha	Style: Amaz	I'm not quite sure where to begin with this review, as I bough
6	Finfeature	22 October 20	Colour: Cha	Style: Amaz	This Echo cannot do half the things implied in the advertising
7	MoJo	31 March 2018	Colour: Cha	Style: Amaz	Well I gave it a few days before I left a review so here goes. I
8	Jv160591	9 March 2018	Colour: Cha	Style: Amaz	As a Huge Apple fan, I have to admit that I came to the worl
9	Amazon Customer	7 January 2018	Colour: San	Style: Amaz	How we managed before Alexa i dont know. It's fantastic. T
10	Alejandro	4 January 2019	Colour: Cha	Style: Amaz	Well, what is there to say? I'd been a bit on the fence about s
11	Luke Cairns	14 April 2018	Colour: Hea	Style: Amaz	this product would be brilliant if you could adjust the bass an
12	P. butler	19 July 2018	Colour: Cha	Style: Amaz	This is really a superb speaker. Works great with alexa. I'm n
13	Pen Name	19 August 201	Colour: Hea	Style: Amaz	Bought an Echo as my first foray into 'clever'(?) speakers. Ove
14	CJ38	14 June 2018	Colour: Cha	Style: Amaz	I was undecided about this until I visited my friends who have
15	Amazon Customer	25 November	Colour: Cha	Style: Amaz	If I could give this 0 stars I would.I have 6 devices and have h
16	G nuttall	28 September	Colour: Cha	Style: Amaz	I was unsure whether I would really use an Alexa device but I
17	M T Jiva	19 January 201	Colour: Cha	Style: Amaz	Difficult to set up
18	Ray T	6 October 201	Colour: San	Style: Amaz	Generally I like the Echo and I think, in fairness, most of the iss
19	emma choremi	1 October 201	Colour: Cha	Style: Amaz	Really disappointed with this as I can't use any of my music o
20	MaggieP	16 January 201	Colour: Hea	Style: Amaz	Our Echo was an absolute surprise Christmas gift from - no d

图 7-7　英文评论采集结果示意图

（4）数据清洗

采集的用户评论中，包含一部分无用评论，这部分评论是由于用户签收后未及时评价，系统默认产生的，无法真实反应用户的情感，因此在实际分析过程中，会将这部分的评论去掉。

（5）用户关注点

对于国内消费者，中文评论用 Jieba 对其进行分词处理和词频统计，同时应去掉评论中的停用词，如"填写""用户""没有""收到"等，统计评论中的高频词汇并生成词云，如图 7-8 所示。

图 7-8　国内智能音箱产品在线评论词云

将产品评论中的前 20 个高频词汇生成柱形图，如图 7-9 所示。

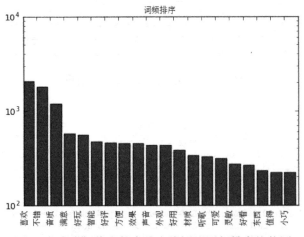

图 7-9　国内智能音箱产品在线评论词频排序柱状图

由图 7-9 可以看出，国内消费者对于智能音箱这一产品主要持"喜欢""满意""好评"的态度，认为购买该产品是"值得"的。而对于智能音箱的产品属性，国内消费者的关注点主要在于音质、便捷性、外观、材质以及大小等方面。此外，国内消费者将该产品用于"听歌"用途的比例很大。总体看来，智能音箱产品在国内发展良好，得到了广大消费者的认可。

对于国外消费者，英文评论则使用 NLTK 模块进行分词及词频统计，通过去 HTML 标签、去非字母符号、小写化、去停用词等操作后，统计评论中的高频词汇并生成词云，如图 7-10 所示。

图 7-10 国外智能音箱产品在线评论词云

同样统计出前 20 个高频词并生成柱状图，如图 7-11 所示。

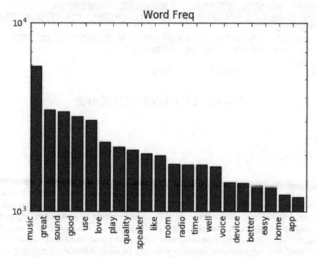

图 7-11 国外智能音箱产品在线评论词频排序柱状图

由图 7-11 可得，国外消费者对智能音箱的评价态度也十分乐观，对于产品属性的关注点主要在音质、质量、配置、便捷性等方面，在产品功能方面同样也是用于听歌的比例最大，其次是对话功能和收音机功能。

（6）用户情感分析

对于国内市场，中文的评论数据采用 Python 中的 SnowNLP 包进行情感分析，SnowNLP 是国人开发的 Python 类库，可以方便地处理中文文本内容。其中的 sentiment() 函数可用于进行情感分析，返回值为所分析评论的情绪是积极或消极的概率，其区间为 [0,1]。当分值大于 0.5 时，情感极性偏向于积极；当分值小于 0.5 时，情感极性偏向于消极。当然，越偏向两边，情感越偏激。对每条评论进行情感分析并将分值导出到 Excel 中，如图 7-12 所示，最终得到国内评论中表示正面情感的评论占比为 91.77%，也验证了在词频词云分析中得出的结论，认为绝大多数国内用户对智能音箱产品的满意度是很高的。

对于国外市场，采用 Python 中的 TextBlob 包进行英文评论的情感分析，TextBlob 中的 sentiment 属性会返回一个类似 Sentiment(polarity, subjectivity) 这样的元组，其中 polarity 表示文本的极性，范围是 [–1.0, 1.0]，负数为负面极性，正数为正面极性，subjectivity 则表示文本的主客观性。同样将每条记录的情感分析结果导出到 Excel 中，部分内容如图 7-13 所示，最终得到英文评论中表示积极情感的评论，占比高达 93.71%，进一步证实了智能音箱产品在国外市场的发展趋势十分乐观。

	F209 ▾ : × ✓ *fx*		
		A	B
1		评论内容	情感分值
191	棒棒哒，很喜欢，还没用完它的功能，暂时没有其他问题！		0.859425
192	棒棒哒，之前自己买过一个，感觉不错，刚好618，给爸妈再买个		0.504294
193	棒棒的，挺智能，就是需要大声说话? 或者离近一点。马云改变生活?		0.999874
194	包装保护很好		0.796631
195	包装超级完美，快递速度超快，第二天就到货了，马上打开试试，好玩级啦		0.936379
196	包装得很好，拿到手就开始摆弄了，反应很快		0.989651
197	包装很好，可是使用功能希望能介绍详细一些		0.943365
198	包装特别好。物流绝对飞块。产品让我太满意了。反应灵敏。功能强大。而且，对答很人性化。没事和它说说话		0.993953
199	包装好，用了一下功能很强大。声音也不错，至于说售后……质量没什么问题，不知道售后如何。		0.605513
200	包装盒一层层! 实际取出来比500毫升水壶还小! 灵敏度不错! 目前只有插座与其配对! 后期会逐渐添加灯泡和红外		0.088505
201	包装很大个，东西目前很喜欢很喜欢		0.956066
202	包装很高大上，天猫送货也挺快的，音质还蛮好的，小孩子拿到手上爱不释手，又能听歌又能听故事。还能对话，管		0.999994
203	包装很好，安装简单! 用了几分钟，效果不错，小孩都会用，很简单方便!		0.973497
204	包装很好，发货速度快，全5分!		0.892025
205	包装很好，红色小巧玲珑，音质很好，就是有点反应迟钝，有在调教		0.934163

图 7-12　部分中文评论情感分析

	D11 ▾ : × ✓ *fx*		
		A	B
1		评论内容	情感分值
2	Don't buy this generation dot buy the older version. This new version dot has half the features of the old dot, with th		-0.0585859
3	I bought one of these as I am constantly hearing about the privacy issues, but since I have nothing to hide, I went t		0.27192063
4	I bought two Alexa , one for me and one for my bf. I love it. It's very useful, you can ask her anything and she will a		0.57714286
5	"Hello Google"; and it doesn't know much, just recites some Wikipedia information, other than that, it says it doesn't		-0.0625
6	"Her in the corner" has sorted out radio tuning for the techie averse. All music etc is not available (She tries to sell y		0.06666667
7	"It's good - but it's not quite Carlin." It would be good to get some more AI in this and a bit more resource on the dev		0.17730655
8	"Sorry, I don't know that one". This thing says this randomly a few times a week when we're watching telly or having		0.0875
9	(Note: I bought this product on my brother's account through Prime.)This is my first time using an Amazon Echo de		0.18177778
10	***WARNING*** If you buy a second echo for your house be aware you cannot stream different music to different		-0.0714286
11	**Revised**After writing this review, I was contacted by Amazon who tried to solve the issue. After 45 minutes on cl		0.21029412
12	, I am still getting to grips with the echo, I think at times the unit is very temperamental , I ask for a track it sometin		0.17058824
13	......for such a small device and so much better than the 2nd Gen. Recommended.		0.0625
14	...Brilliant piece of technology, bought one for my inlaws Christmas. My 85y.o. Father-in-law absolutely loves his, A		0.34545455
15	...has taken years off my life. I'm sure if you are a techhy this is a great piece of kit. But instructions are unbelievat		0.25833333
16	So far away Ok so I have waited a good few weeks now for the initial 'Wow' factor to wear off and see how I truly		0.12879464

图 7-13　部分英文情感评论分析

（7）产品改良分析

以中文评论为例，将分析出的智能音箱负面评论提取出来，再次进行词频分析，将主要的 5 种词频按顺序排列并画成柱状图。通过分析可以看出，在给出负面评论的用户中，绝大多数人认为该产品反应慢、不灵敏，并且只能直连电源使用，如图 7-14 所示。

（8）结论与建议

1）通过采集数据的初步高频关键词统计发现，对于国内智能音箱产品，频数最大的 5 个有关产品属性的关键词为音质、智能、外观、方便、材质，数值分别为 1148、418、414、409、333。采集结果表明，国内消费者对智能音箱的音质的关注度最大，此外还对智能程度、外观、便捷性、材质等属性有较大的关注。

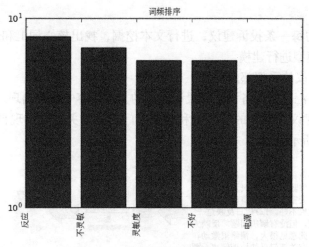

图 7-14　负面评论词频排序图

2）对于国外智能音箱产品，频数最大的 5 个有关产品属性的关键词是 sound、use、quality、device、easy，数值分别为 3364、3048、2120、1421、1350。采集结果表明，国外消费者同样对智能音箱的音质关注度最大，此外还对其使用感、质量、配置以及便捷性等属性有较大的关注。

3）该智能音箱在下一步的改进中，应加强灵敏度的提升。此外，应考虑除直连电源以外的续航方式，例如 USB 充电等，以此来提高用户满意度。

7.3　有事找政府 12345

（1）项目背景及需求

在生活中经常会遇到一些突发情况，需要诉诸政府部门或者找专门的机构来解决。比如，当遇到火灾时要拨打 119，遇到盗贼时要拨打 110，需要急救时要拨打 120。但日常遇到的问题远不止这些，比如，家里停电停水了，找谁来解决？旁边施工单位昼夜不停，住户不堪其扰，又找谁？出租车司机拒载，又找谁来解决？为了方便市民与政府的沟通交流，解决生活中遇到的各种问题，各地政府开通了政府便民服务电话"12345"，市民可以通过拨打热线电话向政府部门提交建议、意见或进行投诉、举报等。

市民服务热线实行的是"一号对外、集中受理、分类处置、协调联动、限时办理"的工作机制。当市民拨打"12345"热线后，对于能直接解答的问题，依据知识库信息直接解答；对于不能解答的问题，如投诉会通过计算机记录下来，然后由工作人员来对这些问题进行分类，及时转交相关部门处理，相关部门在限定时间内进行处理并反馈。

项目需求：通过工作人员的经验对问题进行分类，由于经验不足，常常出现分类错误的情况，分类准确率只有 75% 左右。随着市民投诉电话越来越多，错误分类的情况时有发生，不仅会消耗更多的政府资源，还会延长解决问题的时间，影响市民对政府工作效率的满意度。另一方面，由于工作量巨大，频繁出现政府员工辞职或调离岗位的事情。如何提高分类的准确率以及自动化水平，是当前需要解决的问题。

（2）研究思路

对于分类正确的每一条投诉建议，进行文本挖掘，找出核心词汇和频率，并记录下来。利用机器学习分类模型进行建模。

Y 变量：投诉建议的受理部门。

X 变量：已有词汇表中的各词汇在投诉建议的文本内容中是否出现。

通过建立投诉建议文本中的关键词和受理部门之间的关系，实现自动化投诉建议的信息分类，如图 7-15 所示。

图 7-15 分类研究示意图

（3）模型构建

朴素贝叶斯分类是一种简单高效的分类算法，可根据概率进行预测分类，其核心思想是：对于给出的待分类项，求解在此项出现的条件下各个类别出现的概率，哪个概率最大，就认为此待分类项属于哪个类别。比如，"自来水"的投诉建议属于市水务管理局职能范畴的可能性必然高于属于市供热公司职能范围的可能性。

将已有的 2000 条投诉建议样本进行随机划分，其中 1600 条作为训练集，400 条作为测试集，用 1600 条样本训练得到一个分类模型，并将模型应用于测试样本，尝试预测这 400 条投诉建议应该被分到哪一个政府部门。结果显示，模型分类投诉建议准确率达到 96%。

（4）问题解决与成效

在过去几年里，便民服务热线后台早已积累了许多投诉建议的分类记录，这些分类记录是负责分类的工作人员的经验结晶。通过模型，就可以把这些分类的经验提取出来，运用到当前的投诉建议分类工作。而且，计算机自动化分类比人工分类效率要高得多，只需要工作人员对误分类的投诉建议进行重新分类即可，能够大大减少人工处理的工作量。此外，有经验的员工离职率高、新员工经验不足易出错的问题也得到了改善。

7.4 基于网贷评论的用户舆情挖掘

（1）项目背景及需求

网贷为个人信贷、中小企业融资和投资人理财提供了非常重要的渠道，但平台的野蛮增长也导致乱象丛生，负面事件频发，极大地损害了客户利益，因此必须引起足够重视，加强研究并提出相应政策。

如今新媒体在信息社会中扮演着越来越重要的角色，大量信息来源于社会化标注、方式文本化，传统的建模工具已无法对这些信息进行实时处理和量化，迫切需要通过计算机来进行智能化识别与处理。在新环境下，"看不见摸不着"的交易活动，通过用户体验转移至"看得见"的网络消息与评论文字，用户可通过文本知识的挖掘和发现来达到风险预警目的，提高对网贷风险的防范，这是个具有重要学术理论和现实意义的研究课题。

（2）数据准备

1）主题挖掘流程。

基于评论标签的主题挖掘其大致步骤是：第一步，需要对评论标签数据进行分词、词干化等预处理；第二步，对评论信息进行情感分类；第三步，对分类后的情感进行 LDA 建模，挖掘出不同情感分类下的评论主题词分布。主题挖掘流程如图 7-16 所示。

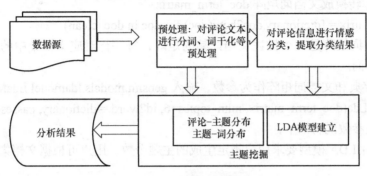

图 7-16　主题挖掘流程

2）数据来源。

下面基于网贷评论的用户舆情研究，以网贷天眼作为数据采集平台，根据平台综合指数排名，抓取不同等级的平台口碑评论（共 10274 条），数据评论内容如表 7-1 所示。

表 7-1　数据评论内容

序号	评论
1	人人贷资金存管是大平台中最真实的，投资或提现都会跳转到民生银行页面上，收益用上新手红包也算可以，特别是长期标
2	U 计划、各种类型的基金可供不同投资风格的用户选择，我选择的是中风险的基金，收益很满意
3	利率不错，信披度差些，存管和非存管同时运行，我认为需要改进的地方不少
4	每笔投资到期都要从收益中扣除网络借款信息中介服务费 10%，不推荐这个
5	有存管，比较安全，而且属于风投系，是可以发展下去的，挺不错的
6	利率还可以，就是觉得存管版和非存管版有点忐忑，非存管版就不安全么？存管版利率又低一些
7	新联在线表面上看年化率还好，其实会收取利息的 10%，整体利率偏低，二者提现再加手续费
8	安全合规，各方面都是靠前的，只是利息有待加强
……	……

评论标签的情感及主题挖掘是对文本中主观信息的挖掘与处理，数据源包含原始评论信息，在使用前必须对数据进行预处理：①去重，把一些重复无效的内容去掉；②分词，运用中文分词工具 Jieba 对所有评论数据进行分词处理；③去掉停用词；④去掉其他特殊字符。

（3）挖掘过程

1）LDA 模型构建。

隐含狄利克雷分布（Latent Dirichlet Allocation，LDA）是一种主题模型。对于在给定的文档集中准确地找到主题的混合词概率分布构成，LDA 是一种非常有效的方法。LDA 主题模型构建的大致步骤是：

① 对所有评论数据分词后，得到语料库 doc_clean。

② 建立语料库中词的字典 dictionary：

dictionary = corpora.Dictionary(doc_clean)

将每个唯一的词作为索引建立字典，方便查找。

③ 将语料库转换成文档词矩阵 doc_term_matrix：

doc_term_matrix = [dictionary.doc2bow(doc) for doc in doc_clean]

文档 – 检索词矩阵是一个描述文档词频的矩阵，每一行对应文档集中的一篇文档，每一列对应一个单词。

④ 将上述字典和文档词矩阵作为参数，输入 gensim.models.ldamodel.LdaModel 模型中：

ldamodel = Lda(doc_term_matrix, num_topics=6, id2word = dictionary, passes=50)

其中的相关参数说明如下：

num_topics：LDA 模型要求用户指定生成的主题个数。用户可根据文档集的大小做出合适的选择。

passes：模型遍历语料库的次数。遍历次数越多，模型越精确。但是对于非常大的语料库，遍历越多，消耗的时间越长。

⑤ 最后输出主题模型：

print(ldamodel.print_topics(num_topics=6, num_words=10))

相关参数说明如下：

num_topics：生成的主题模型个数。

num_words：每个主题模型输出的前 n 个词。

2）主题挖掘。

基于网贷评论的用户舆情研究，将 10274 条评论数据输入 LDA 模型，抽取每个主题中概率分布较大的前 n 个词，生成主题词分布矩阵，即评论主题模型。对于采集的数据设置 4 个主题数（num_topics），每组主题打印出前 6 个词（num_words），得到表 7-2 所示的主题词表。

表 7-2　主题词表

Topic1	Topic2	Topic3	Topic4
存管	利率	不错	充值
风控	客服	红包	新手
上线	回款	站岗	平台
合规	提现	提现	提现
利息	希望	网站	回款
收益	逾期	体验	投了

Topic1：主题中包含"存管""风控""上线""合规"等关键词，表明用户对平台安全问题的强烈关注。据网贷天眼数据显示，截至 2017 年 7 月 31 日，我国 P2P 网贷平台数量达 5029 家，7 月新增平台 6 家，新增问题平台 93 家，环比上涨 1.09%，累计问题平台达 3287 家，在线运营平台 1742 家，同比下降 23.06%。随着监管机制的逐步建立和完善，问题平台

逐步退出，用户对资金托管、平台合规性以及风控有效性等问题相对于"利息""收益"更加重视。

Topic2：主题中包含"利率""客服""回款""提现"等关键词，表明用户对平台资金问题的关注。用户关注各投资平台的投资周期、历史预期年化收益率、回款方式、服务费用等，这些因素都会直接影响预期年化收益。据网贷天眼统计，2017 年 7 月 31 日前，在全国问题平台中，提现困难的占 20.55%，平台失联的占 62.90%，平台诈骗的占 4.43%，而良性退出的仅占 0.46%。因此，当出现资金长时间无法提现、用户无法联系客服等问题时，平台可能已经出现"跑路"的问题。

Topic3：主题中包含"不错""红包""站岗""提现"等关键词，表明用户对平台投资收益问题的关注。据网贷天眼统计，在全部的网贷平台中，综合排名第一的平台利率在 5%~9.6% 之间，综合排名最后的平台利率在 1%~16% 之间。可以看出，排名最后平台的最高收益率高，但收益率波动范围较大，存在不稳定性。因此，利率高的平台不一定综合实力强，用户选择网贷平台进行投资评估的不仅是平台的收益强度，还有平台的收益稳定性。

Topic4：主题中包含"充值""新手""回款""投了"等关键词，表明用户在网贷投资方面尚不成熟。目前市场上的网贷环境复杂，网贷平台种类繁多，新用户难以辨别真伪，用户担心资金安全，存在选择困难的问题。因此，网贷行业市场对新用户予以正确的投资引导显得尤为重要。

为了有效获取网贷评论的用户关注点，研究各关键词在评论数据中的重要性，将各关键词用词云展现出来，如图 7-17 所示。观察词云及其分布，可以发现用户评论关注的内容中主要包含"平台""存管""提现""客服""收益""体验"等方面。这反映了在各网贷平台中投资时，资金的安全性和收益率是用户关注的两大焦点问题，同时用户比较重视客户体验。

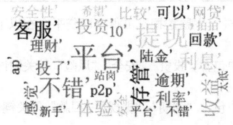

图 7-17　主题词云

3）用户情感分类。

通过情感分析工具将抓取到的数据进行情感分类，得到积极情感的评论 5851 条，占 56.95%；中性情感的评论 2497 条，占 24.30%；消极情感的评论 1926 条，占 18.75%。情感分类统计如表 7-3 所示。

表 7-3　情感分类统计表

名称	积极情感	中性情感	消极情感	评论总数
统计结果	56.95%	24.30%	18.75%	10274

结果表明，对网贷平台保持积极情绪的用户超过半数，说明 P2P 网贷发展受到一半以上用户的认可；但有 40% 左右的用户保持中性或消极情绪，表明网贷行业仍有很大的发展空间。

4）用户情感主题挖掘。

将评论进行情感分类后，再次进行 LDA 主题挖掘，挖掘不同情感分类下的主题词表，如表 7-4 和表 7-5 所示。

表 7-4　积极情感类主题词表

Topic1	Topic2	Topic3	Topic4
投资	收益	提现	理财
希望	不错	回款	投资
体验	安全	速度	存管
项目	利率	客服	希望
活动	比较	到期	银行
可以	利息	手续	预期

对积极情感评论进行主题挖掘，可得出用户对于平台的肯定主要包括投资、收益、提现、理财等方面。

表 7-5　消极情感类主题词表

Topic1	Topic2	Topic3	Topic4
利率	到期	提现	网站
收益	现在	资金	客服
没有	提现	回款	监管
垃圾	资金	安全	电话
投资	安全	收益	风险
客服	托管	风险	安全

通过对消极情感评论进行主题挖掘，可得出网贷平台在以下几个方面仍然存在问题，需要进一步改进：

资金安全问题，主题中包含"投资""安全""风险"等关键词，表明用户对投资安全和风险的担忧。

收益安全问题，主题中包含"到期""提现""回款"等关键词，表明用户对资金到期、提现、回款困难等问题的关注。

用户体验问题，主题中包含"客服""电话""垃圾"等关键词，表明用户关注平台体验方面的问题。

平台监管问题，主题中包含"托管""监管"等关键词，表明用户要求监管机构对平台资金进行托管，并对平台运营进行监管的需求强烈，以保证投资者利益。

（4）结论与建议

评论反映的是用户对于网贷的看法及态度。基于网贷评论的用户舆情研究的目的是从非结构化的文本中提取有价值的信息并加以分析，可用于用户舆情监测、规范和管理互联网金融投融资环境。

基于 LDA 主题模型建立用户热点话题相关主题词表，确定用户在网贷行为中所关注的热点话题。基于情感分类的主题挖掘，可以从用户对网贷的体验和态度中获取行业存在的问题，便于规范网贷市场。根据用户不同情感分类下的主题挖掘，提出如下建议：

1）用户理性看待网贷平台。网贷存在风险，切不可因眼前利益而盲目投资。用户需要加强对网贷投融资模式的认识。互联网金融区别于传统金融，给人们带来便利性的同时，也加大了投融资风险。

2）网贷平台应加强客户体验。网贷作为互联网金融的一个组成部分，易受到市场舆论的影响，良好的客户体验是平台制胜的法宝，平台应加强用户舆情的监测，同时做好风险控制，提前做出预案管理以应对突发事件。

3）政府加强对平台的监管力度。网贷平台尚需纳入国家信用体系建设，作为征信体系中的一个组成部分，国家应该建立相关法律法规，明确相关部门的责任，严格审核网贷平台的合法性和合规性，坚决取缔违法的网贷平台。

参考文献

[1] 王汉生.数据思维：从数据分析到商业价值 [M].北京：中国人民大学出版社，2017.

[2] 张良均，杨海宏，何子健，等.Python 与数据挖掘 [M].北京：机械工业出版社，2016.

[3] HARRINGTON P.机器学习实战 [M].李锐，李鹏，曲亚东，等译.北京：人民邮电出版社，2013.

[4] 小甲鱼.零基础入门学习 Python[M].2 版.北京：清华大学出版社，2019.

[5] MCKINNEY W.利用 Python 进行数据分析：原书第 2 版 [M].徐敬一，译.北京：机械工业出版社，2018.

[6] 黄红梅，张良均.Python 数据分析与应用 [M].北京：人民邮电出版社，2018.

[7] 陆嵩.从一个小例子看贝叶斯公式的应用：学习简单、基础、入门的例子 [EB/OL].（2018-05-01）[2022-02-07].https://blog.csdn.net/lusongno1/article/details/80156728.

[8] qjzcy.熵的应用：一 [EB/OL].（2016-06-21）[2022-02-07].https://blog.csdn.net/qjzcy/article/details/51728581.

[9] 蘑菇轰炸机.机器学习基础：ROC 曲线理解 [EB/OL].（2018-09-09）[2022-02-07].https://www.jianshu.com/p/2ca96fce7e81.

[10] 超爱学习.理解 ROC（受试者工作特征）曲线以及 AUC[EB/OL].（2018-10-10）[2022-02-07].https://zhuanlan.zhihu.com/p/46438528.

[11] 张洁.央视 3·15 晚会曝光某品牌卫浴安装人脸识别摄像头 [N/OL].新京报，2021-03-15.https://www.bjnews.com.cn/detail/161581247115491.html.

[12] wzgang123.朴素贝叶斯分类器：朴素贝叶斯分类的原理与流程 [EB/OL].（2014-01-05）[2022-02-07].https://blog.csdn.net/wzgang123/article/details/17889051.

[13] beckham999221.统计学习方法—k 近邻法的原理与实现 [EB/OL].（2018-05-14）[2022-02-07].https://blog.csdn.net/beckham999221/article/details/80135042.

[14] 耐心的小黑.机器学习笔记四：K-Means 和 MeanShift 聚类算法实战 [EB/OL].（2020-08-16）[2022-02-07].https://blog.csdn.net/qq_39507748/article/details/108031894.

[15] suibianshen2012.Apriori 算法简介：关联规则的频繁项集算法 [EB/OL].（2016-05-29）[2022-02-07].https://blog.csdn.net/suibianshen2012/article/details/51530952.

[16] imperfect00. snownlp 文本情感分析使用（EB/OL）.（2017-01-16）[2022-02-07].https://blog.csdn.net/u011961856/article/details/54573517.

[17] 逍遥自在 017.SnowNLP[EB/OL].（2017-07-12）[2022-02-07].https://blog.csdn.net/xiaoyaozizai017/article/details/75041309.